AF462000

APERÇU GÉNÉRAL

DES

MINES DE HOUILLE

EXPLOITÉES EN FRANCE.

APERÇU GÉNÉRAL
DES
MINES DE HOUILLE
EXPLOITÉES EN FRANCE,

De leurs produits, et des moyens de circulation
de ces produits.

PAR LE Cen. LEFEBVRE,

Membre du Conseil des Mines, etc.

EXTRAIT DU TOME XII DU JOURNAL
DES MINES.

A PARIS,
Chez Villier, Libraire, rue des Mathurins,
n°. 396.

An XI. (Janvier 1803.)

APERÇU GÉNÉRAL
DES
MINES DE HOUILLE
EXPLOITÉES EN FRANCE,

De leurs produits, et des moyens de circulation de ces produits.

Par le Cit. Lefebvre, membre du Conseil des mines, de la Société philomathique de Paris, de celle d'encouragement pour les arts, de la Société des mines de Jena, et de celle des sciences et arts d'Amiens.

PRÉAMBULE.

Je m'étais proposé, depuis plusieurs années, de présenter le tableau des ressources de la France en combustibles fossiles.

Je voulais faire connaître en même-tems les lieux principaux de consommation, les grands établissemens métallurgiques où ces substances sont ou pourraient être employées, et il entrait dans mes vues d'ajouter à ce travail l'indication des localités propres à la création de nouvelles usines et fabriques, en raison de la réunion offerte par la nature, de substances minérales exploitables et de combustibles abondans.

Il me semblait aussi que pour remplir complètement ce cadre, il eut fallu y comprendre des données assez certaines à l'égard de la nature et de la quotité des ressources que les forêts et bois pourraient fournir à la consommation sur les divers points du territoire français, et notamment sur ceux qui étaient les plus intéressans à considérer sous le rapport des grandes usines (1).

Les renseignemens recueillis au Conseil des mines, depuis sept à huit ans, fournissaient des détails nombreux, et des connaissances intéressantes à l'égard des substances minérales re-

---

(1) Une bonne carte des communications, tant par eau que par terre, qui réunirait l'indication des forêts, des mines de houille, des tourbières, et des grandes usines et fabriques, serait une chose précieuse au commerce. Elle contribuerait sûrement à lui donner de nouveaux développemens et une plus grande activité intérieure. Cette carte nous manque, et sa confection me paraît digne de fixer l'attention du Gouvernement actuel.

Le Conseil des mines a ébauché, en l'an 4, une partie de cette opération sur la carte de navigation, par Dupain-Triel. Il y a inscrit des signes indicatifs de la position des mines de houille, des tourbières, des forges, des grandes fonderies, des salines, et de quelques autres usines sur lesquelles il avait obtenu des renseignemens assez précis ; mais ce travail se trouve aujourd'hui bien imparfait, tant parce que les nouveaux départemens réunis ne se sont pas compris sur cette carte, qu'à cause des nouvelles connaissances acquises depuis cette époque, qu'il faudrait y ajouter.

connues et exploitées sur notre territoire. Les notes relatives, sur-tout aux houillères, étaient les plus multipliées, parce que l'Administration des mines, sentant la nécessité de suppléer à la diminution des produits de nos forêts, et l'importance d'assurer l'activité constante de nos atteliers au moyen de la houille, avait porté sur cet objet l'attention la plus sérieuse.

Néanmoins un assez grand nombre d'indications nécessitaient des vérifications ultérieures, et des contrées entières de la France que nous soupçonnions mériter un grand intérêt, n'étaient encore que très-imparfaitement connues sous le point de vue de la minéralogie : on n'avait pu, depuis plusieurs années, faire voyager que très-peu d'ingénieurs des mines. On les demandait avec instance dans beaucoup de départemens. La répartition de ces fonctionnaires, dans les pays où leur présence était si urgemment utile, ne pouvait manquer d'être l'une des déterminations prochaines d'un Gouvernement vivement occupé de la prospérité de l'État (1).

Les résultats des recherches et des observations des ingénieurs des mines, ne pouvant

(1) D'après les mesures prises cette année par le Ministre de l'Intérieur Chaptal, soixante départemens vont être visités et étudiés avec soin par des ingénieurs des mines, qui concourreront avec les Préfets aux améliorations qui sont à pratiquer dans cette partie, et qui en rendront compte au

manquer de fournir les matériaux les plus précieux au tableau de nos ressources minérales, je m'étais déterminé à attendre que leur résidence dans les départemens eût enrichi l'Administration des mines de nouveaux renseignemens, les plus propres à perfectionner le travail que j'avais en vue.

D'ailleurs, j'étais persuadé aussi que pendant ce tems, la sollicitude et l'activité éclairée des Magistrats qui composent l'Administration générale des forêts, auraient beaucoup accru et précisé les connaissances relatives à la consistance et aux produits des bois : que peut-être même nous aurions alors une bonne carte des forêts, et qu'ainsi l'ouvrage que je projetais pourrait encore être complété dans cette partie très-importante.

Je me bornais donc à recueillir des notes, à vérifier, autant qu'il m'était possible, et à étendre les premières données que possédait l'Administration des mines, et à faire des recherches sur les moyens de circulation existans, et ceux qu'il paraîtrait utile de créer pour tirer le meilleur parti possible des matières premières qui étaient l'objet de mon travail.

Mais au moment où la paix rendue à l'Europe fit naître le désir de renouer des communications

---

Gouvernement. C'est tout ce qu'on pourrait faire avec le nombre actuel des ingénieurs des mines, qu'il a été possible d'appliquer à ces voyages.

commerciales avec les nations voisines, on s'attacha en France à examiner quels étaient réellement nos besoins, quels seraient nos avantages dans la réciprocité des échanges qui pourraient avoir lieu.

Les substances minérales fixèrent particulièrement l'attention. On savait qu'elles étaient avant la guerre un objet d'importation considérable. Les houilles sur-tout étaient déjà versées alors en grande abondance sur notre territoire, malgré que l'usage de ce combustible fût moins fréquent qu'il ne l'est aujourd'hui, et beaucoup moins sans doute qu'il ne le deviendra, à cause de la détérioration des bois; il était donc plus intéressant que jamais de bien apprécier notre nouvelle situation à cet égard, d'après l'accroissement de territoire, fruit des conquêtes de nos armées; il fallait juger si nous devions ou non admettre chez nous les produits des houillères étrangères, en considérant d'une part la quotité de numéraire exportée, et la diminution d'activité, ou la stagnation même qui pourrait s'ensuivre dans nos exploitations nationales, et de l'autre tout ce qui convient à la sûreté et au plus grand avantage de nos fabriques.

Toutes les données utiles à la solution de cette question, ont été soumises au Gouvernement. Les opinions réciproquement opposées, ont été défendues avec cette chaleur qu'inspire toujours un grand objet d'intérêt public, entre des hommes fortement attachés à leur patrie, et vivement affectés de tout ce qui doit influer sur ses destinées.

Quelle que soit la détermination définitive à laquelle le Gouvernement se fixera, nous devons nous reposer avec confiance sur la sagesse de ses vues, et être bien assurés qu'il se sera complètement éclairé avant de prononcer.

Mon but, en publiant aujourd'hui l'aperçu des ressources que nos mines de houille nous présentent, n'est donc point d'entrer dans la discussion de la question dont je viens de parler ; mais plusieurs personnes m'ayant pressé de faire connaître ce que j'avais pu disposer du tableau de nos richesses en ce genre, j'ai pensé qu'en me rendant à leurs instances, je pourrais faire une chose également utile sous divers points de vue ; d'abord pour l'instruction des hommes d'État qui désireraient des détails sur cet objet ; ensuite pour l'utilité, tant des divers consommateurs, que des exploitans de mines.

Je me suis donc empressé de réunir les matériaux, et de rédiger cet ouvrage, en y employant le peu de tems que mes fonctions me permettent de donner à un travail particulier.

J'ai suivi l'ordre alphabétique des départemens ; chacun d'eux a été passé en revue, en énonçant, d'après l'état actuel des renseignemens obtenus, les mines de houilles connues en exploitation, celles qui seraient susceptibles d'être exploitées, et les indications non encore vérifiées qui paraissent mériter un examen attentif.

J'ai présenté, autant que j'ai pu, l'aperçu des produits en masse des houillères dans chaque département où il s'en trouve en exploitation, et le prix moyen des houilles, tant sur la mine, qu'aux lieux principaux de consommation.

J'observe cependant qu'il est quelques départemens où les extractions se font si irrégulièrement, qu'il m'a été impossible d'obtenir à leur égard des données assez satisfaisantes, ni sur la quotité des houilles extraites, ni sur leur valeur : dans ce cas, je n'ai pu que faire connaître les cantons où les mines se trouvent.

Les moyens de circulation qui existent, ou ceux qu'il conviendrait d'établir, m'ont particulièrement occupé. Je les ai indiqués le plus qu'il m'a été possible : c'est sous ce rapport, sur-tout, que j'ose espérer quelque utilité de mon travail, parce que l'exposition des communications et des moyens de circulation, donnera l'éveil pour le transport et l'emploi de nos combustibles fossiles, dans des lieux où on ne pensait pas qu'on pût en user avec avantage. C'est dans cette vue que j'ai mis à la suite de l'ouvrage une carte, où les moyens de circulation pourront être suivis, à l'aide de numéros correspondans à ceux placés en marge du texte, et de lignes tracées ou pointillées en rouge, qui marquent les circulations existantes et celles en projet, ou qu'il paraîtrait utile de créer.

Les départemens dans lesquels il n'y a point de combustibles fossiles exploités, n'en ont pas moins été présentés dans leur ordre, et j'ai énoncé les mines d'où ils peuvent tirer ces substances et les moyens par lesquels elles peuvent leur être transmises.

Enfin j'ai présenté, dans un résumé général, les diverses considérations d'intérêt public et d'économie, qui résultent de l'état actuellement connu de nos ressources en combustibles minéraux.

Je suis bien loin de regarder ce travail comme complet et entièrement satisfaisant. Je suis persuadé qu'après quelques années de résidence des ingénieurs des mines dans les départemens, il y aura beaucoup à y ajouter; et que dès à présent, les chefs d'exploitation de mines y trouveront des omissions et quelques erreurs.

Je les invite à me mettre à portée de rectifier et de rendre ce tableau plus parfait. Je recevrai avec beaucoup de reconnaissance les observations qui me seront transmises. Je n'ai mis d'autre prétention dans ce travail, que le désir de fixer l'attention sur des ressources naturelles peut-être trop peu appréciées en France.

Département de l'Ain.

Numéros de la carte.

CE département n'offre point de couches de houille en exploitation. Il y a à Surjoux, canton de Seyssel, sur le bord du Rhône, de l'asphalte (bitume minéral). On l'extrait d'un grès granitique grossier, analogue à ceux qui recouvrent certaines couches de houille, ou alternent avec elles. 1.

Plusieurs bancs de ces grès bitumineux sont reconnus autour de la commune de Surjoux. Ils ont peu de consistance, à cause du mélange abondant de matière bitumineuse liquide dont ils sont *imprégnés*.

Le Cit. Secretan, habitant à Seyssel, concessionnaire pour l'exploitation d'une partie de ces terrains, extrait et prépare ce bitume minéral. Les produits de l'extraction s'élèvent, par an, à environ dix mille myriagrammes.

Cette substance peut être employée à l'enduit des cordages et des bois, pour les défendre de la pénétration de l'eau et de l'attaque des vers. Elle est encore utile au graissage des essieux pour les voitures, et des axes dans les machines, pour faciliter leur roulement.

Les moyens de circulation, des produits de cette exploitation, sont le cours du Rhône, en descendant vers Lyon, le midi de la France, et notamment les ports de mer qui s'y trouvent, où l'emploi de ce bitume peut être économique.

Numéros de la carte.

Département de l'Aisne.

Ce pays ne présente aucune mine de houille en exploitation : une substance, connue sous le nom de *terre-houille*, s'y trouve communément répandue, formant des lits plus ou moins épais, et généralement placés, à peu de profondeur, sous les terrains cultivés. C'est une sorte de tourbe très-pyriteuse. Elle brûle mal, et ne peut être employée aux mêmes usages que la véritable houille. Elle serait très-mauvaise pour chauffer et travailler le fer.

Cette substance est cependant exploitée avec activité. Elle est employée par les agriculteurs; ils la répandent, soit à son état naturel, soit après l'avoir laissé se consumer à l'air, sur les champs qu'elle rend plus propres à la végétation.

L'abondance de pyrites répandues dans ces couches tourbeuses, les rendraient peut-être susceptibles d'être traitées pour obtenir le sulfate de fer (couperose verte du commerce).

Les houillères des départemens du Nord fourniront facilement de la houille à la consommation de celui de l'Aisne, quand le canal de jonction de l'Escaut à la rivière d'Oise sera terminé.

Département de l'Allier.

2. Il y a des mines de houille exploitées à Noyant, commune de même nom, située à six lieues sud-ouest de Moulins, sur le bord de la route de cette ville à Montluçon. A trois quarts de lieue plus loin, en continuant vers cette der-

nière ville, on trouve une autre houillère en exploitation, celle de Fins, commune de Châtillon; et à une lieue et demie de là, mais de l'autre côté de la route, celle dite des Gabliers, commune de Tronget.

La houille qu'on a extrait à Noyant jusqu'ici, est celle propre au foyers pour les chaudières et autres objets analogues. Celle que fournissent les mines de Fins et des Gabliers est, pour la majeure partie, d'excellente qualité, et propre au travail de la forge.

Les produits annuels de ces exploitations s'élèvent au moins à un million de myriagrammes.

Il s'en faut qu'elles soient portées au degré d'activité dont elles paraissent susceptibles.

On annonce qu'on va appliquer à la mine de Fins des moyens propres à en obtenir tous les avantages que promet l'abondance des couches dans la profondeur et la qualité précieuse de la houille.

Les débouchés de ces mines sont les verreries voisines, l'embarcation des houilles à Moulins, la navigation de l'Allier en descendant, celle de la Loire, le canal de Briare, la Seine.

On a eu depuis long-tems le projet de se servir de la petite rivière de Quenne pour faciliter le transport de ces houilles jusqu'à l'Allier. Si ce projet est exécutable, il n'est pas douteux que ce moyen de communication avec la rivière d'Allier ne fût d'une grande importance; car les frais de transport par terre jusqu'à Moulins doublent déjà le prix de la houille : il varie sur ces mines de 6 à 10 cent. le myriagramme;

et il s'élève déjà à Moulins de 12 à 20 cent., et, rendu à Paris, de 24 à 40 cent.

Ce département offre encore aux environs de la commune de Commentry des couches de houille considérables et d'excellente qualité. Elles pourroient donner lieu à des exploitations très-productives, si on leur créait des débouchés : elles en manquent absolument, et sont par cette raison faiblement exploitées.

Les ingénieurs des mines qui ont visité ce pays, ont indiqué plusieurs nouvelles couches qui n'avaient point été remarquées jusqu'alors.

Les mines du Plaveret et de Bouije ont fourni, en l'an 3, 100,000 myriagrammes; ce qui est infiniment au-dessous de la quantité qu'on pourrait en extraire facilement. Le prix sur la mine est de 4 cent. environ.

Si la navigation du Cher était rendue praticable de Montluçon jusqu'à Vierzon, où elle l'est actuellement, les mines des environs de Commentry donneraient bientôt lieu à des entreprises qui vivifieraient ce pays. Il est probable qu'elles auraient une très-heureuse influence sur l'activité des forges nombreuses qui occupent les bords du Cher, ou qui en sont à peu de distance, par l'application d'un combustible aussi actif que la houille, à une partie des opérations de ces forges.

On connaît encore dans cette contrée des indices de houille en plusieurs endroits qui mériteraient d'être suivis, s'il y avait des débouchés plus faciles ou des moyens de consommation sur les lieux : tels sont les indications reconnues par le Cit. Rambourg, près de la forêt de Tronçais, canton de Meaulne, et celles sur la commune de Vallon, même canton, reconnues par le Cit. Thiébault de l'Allier. Numéros de la carte.

Département des Basses-Alpes.

Quelques mines de houille sont exploitées 3.
aux environs de Manosque et de Forcalquier. L'extraction s'en fait très-irrégulièrement. Les produits n'en sont pas bien connus.

La qualité des houilles est très-médiocre. Elles se vendent environ 20 centimes le myriagramme, prises sur la mine.

Il y a très-peu de débouchés.

Département des Hautes-Alpes.

La commune de Saint-Martin de Querières 4.
et les environs offrent des mines de houille.

On peut leur appliquer les mêmes observations que celles que nous venons d'énoncer pour les houillères des Basses-Alpes; cependant elles ont un débit plus assuré et plus facile de leur produit, à cause du voisinage de la ville de Briançon, dont la consommation est assez considérable, à raison de la rareté du bois dans ce canton.

Département des Alpes maritimes.

Il a été accordé en l'an 9 une concession de 5.
mine de houille aux environs de Roquebrune. Le concessionnaire vient d'annoncer que les premières tentatives n'ont pas été heureuses.

Numéros de la carte.

Il paraît cependant qu'il se fait des extractions de ce combustible en plusieurs lieux aux environs de Monaco.

Ces mines pourraient obtenir un certain degré d'importance, si les houilles étaient de bonne qualité, et qu'on en fît un commerce d'exportation par le port de Monaco, ou bien s'il s'établissait des fabriques de ferronnerie dans ce département, aux environs des houillères.

Si les mines de fer de l'île d'Elbe étaient traitées dans ce département ou dans celui du Var, les fers obtenus pourraient donner lieu à des fabrications de ce genre; mais ces diverses considérations exigent des renseignemens ultérieurs, qui ne manqueront pas d'exciter la sollicitude du Gouvernement.

Département de l'Ardêche.

6. Plusieurs cantons offrent de la houille, notamment les environs de Jaujac, de Privas, d'Aubenas, de Vallon et de Saint-Marcel d'Ardêche.

Ces mines sont généralement mal exploitées. Elles sont cependant intéressantes sous divers aspects; d'abord pour la consommation que font les fabriques nombreuses du pays, ensuite par les communications qu'elles peuvent avoir sur le Rhône, en descendant ce fleuve.

On n'a pas de données assez exactes sur les produits de ces exploitations. Ils sont sûrement considérables, et elles deviendraient bien plus productives et plus profitables par une meilleure conduite des travaux. Numéros de la carte.

Le prix commun de la houille dans ce pays est de 8 centimes environ le myriagramme.

La résidence d'un ingénieur des mines dans ce département, amenerait des améliorations qui sont bien désirables dans la direction des travaux de ces houillères; et il aurait à s'occuper de plusieurs autres objets utiles à l'industrie des habitans de cette contrée.

Département des Ardennes.

Il n'y a point de mines de houille connues dans ce département.

Des recherches ont eu lieu à Étion; elles ont été infructueuses. Elles avaient été entamées dans des couches schisteuses qui n'offroient aucun indice assez déterminant pour se livrer à ces travaux; et, à la manière dont ils étaient dirigés, on faisait des dépenses à-peu-près en pure perte, puisqu'on suivait la direction des couches schisteuses, au lieu de les traverser, pour reconnaître les changemens, s'il y en avait, dans l'ordre des terrains.

Ce département reçoit des houilles du département de l'Ourthe. Elles lui parviennent en remontant la Meuse.

Département de l'Arriège.

Ce pays, riche en substances métalliques, 7.
et notamment en mines de fer d'excellente qua-

lité, ne possède point de mines de houille en exploitation.

Le Cit. Vergniez-Bouischer, propriétaire des forges de Vicdessos, homme distingué par ses lumières et par son zèle pour le perfectionnement des travaux des forges, a annoncé ses indications de houille à Montesquieu, près de Foix, et l'ingénieur Duhamel en a aussi indiqué au Mas-d'Azil.

Département de l'Aube.

Point de mine de houille exploitée dans l'Aube. La composition générale des couches de terrain, qui ne présentent que des craies ou des lits coquilliers, ne doit pas faire concevoir l'espérance d'y découvrir des amas de ce combustible minéral, à moins que ce soit à de grandes profondeurs, et après avoir traversé toute l'épaisseur des terrains coquilliers ou crayeux.

Il ne reçoit des houilles que celles qui circulent sur le cours de la Seine, et qui remontent par la Marne et la rivière d'Aube.

Département de l'Aude.

8. Les environs de Cascastel, de Quintillan, Ruchan, et les montagnes de Fabrezan, offrent de la houille.

Les mines exploitées auprès de Cascastel, Quintillan et Ségur, fournissent environ 14,000 myriagrammes de combustible par an.

On

On ne connaît pas les produits des autres mines. On n'a pas non plus de renseignemens certains sur le prix auquel se vend ce combustible. Il est probablement à très-bas prix, parce que ces mines manquent de débouchés. Numéros de la carte.

Les exploitans réclament avec instance la réparation des routes, qui faciliteraient le transport des houilles à Perpignan.

Il serait utile aussi de donner lieu, si cela est possible, à l'arrivage sur les bords de l'Aude, des produits des mines du Fabresan.

Département de l'Avéyron.

Ce département est un des plus riches en mines de houille. Il est également intéressant par plusieurs autres substances minérales, et particulièrement à cause de celles propres à fournir les sulfates d'alumine et de fer (aluns et couperose verte du commerce), qu'on y trouve très-abondamment dans les cantons de Milhau, de Saint-Affrique, et en plusieurs autres. 9.

Les amas de houille qui sont connus auprès de Cransac, de Vialarets, de Livignac, de Montignac, et dans les lieux voisins, sur le bord ou à peu de distance de la rivière du Lot, sont d'une abondance inépuisable, et, le plus souvent, d'une très-facile extraction.

En l'an 3, ces mines ont produit au-delà de 500,000 myriagrammes, et le prix ne s'élevait pas à plus de 5 centimes le myriagramme. Aujourd'hui, il n'est pas de plus de 1 centime pour la même quantité, prise sur la mine; mais rendu à Villefranche, il coûte de 12 à 15 centimes.

Ces houillères fourniraient long-tems à une immense consommation, sur-tout si on s'attachait à mettre plus de soins et plus de régularité dans leur exploitation. Les propriétaires des terrains superficiels les attaquent de tous côtés, avec d'autant plus de facilité, que les amas et couches de ce combustible se montrent jusqu'au jour, ou qu'ils se rencontrent généralement à très-peu de profondeur; en sorte que tout ce pays offre une multitude d'extractions entamées à la surface, et abandonnées dès que l'eau ou l'ébranlement des terrains font craindre quelques difficultés.

Indépendamment du gaspillage qui résulte de ces mauvaises exploitations et des obstacles qu'elles préparent pour l'avenir, le défaut de soins et l'insouciance des extracteurs, ont fait naître dans ce pays un fléau dévastateur qui accroît journellement ses ravages.

Des couches de houille se sont allumées à Fontaignes, à Moitot, et en plusieurs autres endroits. L'incendie se propage et s'alimente au sein même de la terre. Les terrains superficiels calcinés ne présentent, sur une surface considérable, que le tableau aride et affligeant de l'absence de toute végétation et de toute existence animée.

Les lieux que j'ai cités au voisinage du Lot et dans le canton de Cransac, ne sont pas les seuls de ce département où il se rencontre des mines de houille : on en connaît encore dans l'arrondissement de Milhaud, sur les bords de la Dourbie; à Mégamel et à Lavergne, dans le pays de Séverac; à Bertholène et à Sensac, aux environs de Rhodez. Une nouvelle exploitation a été ouverte en ce dernier lieu cette année, par les soins du Préfet.

Les produits annuels des exploitations en ces divers lieux, s'élèvent à 220,000 myriag., et pourraient être bien plus considérables.

Le Cit. Saint-Thorent, Préfet de l'Avéyron, a senti combien il était important de tirer parti des richesses minérales de diverses sortes dont ce pays abonde. Il a pris à cœur d'y porter les lumières et l'activité, à l'aide desquelles ce département peut devenir l'un des plus intéressans en produits industriels. Ce magistrat avait réclamé la présence d'un ingénieur des mines; et les premiers regards de celui qui y fut envoyé (le Cit. Blavier), ayant fait connaître non-seulement l'existence de plusieurs substances minérales qui y étaient ignorées, mais encore les moyens prochains de les exploiter, et de donner lieu à des établissemens très-productifs (1). Le Préfet a demandé et obtenu du Ministre de l'Intérieur que cet ingénieur fût, à poste fixe, dans l'Avéyron, et chargé uniquement de la surveillance de ce département. Il y a, en effet, beaucoup d'améliorations à y produire,

(1) L'ingénieur Blavier a reconnu des mines de cuivre, de plomb, de nouvelles indications de houille, et notamment une mine de fer très-riche, et très-abondamment répandue sur une étendue de plus de 2 kilomètres, au voisinage de la mine de houille de Sensac, près Rhodez. Cette découverte va donner lieu à l'établissement de fonderies pour traiter le fer au moyen de la houille. Il a aussi reconnu des dépôts considérables de tourbes sur divers plateaux venus de ce département.

Numéros de la carte.

et des entreprises importantes à créer. On doit tout espérer du zèle actif de l'ingénieur, secondé par la volonté puissante et vivement prononcée du magistrat auquel le Gouvernement a confié l'administration de ce département.

Le Cit. Saint-Thorent s'est déjà occupé de faciliter les communications et de multiplier les grandes routes dans ce pays, qui manque de moyens de circulation suffisans. L'utilité de rendre le Lot capable de porter bateaux bien au-dessus de Cahors, ne lui a pas non plus échappé. L'indifférence et les retards qu'on a apporté à l'exécution de ce projet, surprendront tous ceux qui, connaissant les amas immenses de houille d'excellente qualité qui peuvent être extraits sur les bords de cette rivière, du côté d'Aubin, de Livinhac et du Bousquet, réfléchiront aux avantages précieux qui résulteraient du transport facile de ces combustibles dans les départemens du Lot, Lot et Garonne, et jusqu'à Bordeaux et la Rochelle, où les produits de ces riches mines viendraient en abondance expulser les houilles étrangères, ou rendraient du moins leur admission inutile. Il appartient au Gouvernement actuel de réparer ces fautes, et de savoir vaincre quelques obstacles, pour produire de grands avantages. La navigation du Lot rendue praticable jusqu'à Entraigues, sera un monument digne de sa gloire.

Département des Bouches du Rhône.

10. La seule partie de ce département qui ait donné lieu jusqu'ici à l'extraction de la houille,

est celle au sud-est, voisine du département du Var.

Les houillères sont situées notamment aux environs des communes de Gardanne, Fureau, Tretz, Peynier, Belcodène, Saint-Savournin, Auriac, Roquevaire et Gemenas.

La plupart de ces mines sont mal exploitées par les propriétaires du sol ou par des extracteurs, avec lesquels ils traitent pour leur permettre des fouilles sur leur propriété. L'exploitation n'est jamais poussée qu'à peu de profondeur. Elle est abandonnée au moindre obstacle qui se présente dans la suite des travaux, qui sont en général très-peu sûrs pour les ouvriers eux-mêmes.

Ces houilles se trouvent dans des terrains recouverts par des couches calcaires; elles sont même fréquemment mélangées avec le carbonate de chaux. Leur qualité est médiocre, surtout pour l'usage des forges. Elles ne collent pas et ne font point la voûte. Il paraît cependant que les forgeurs du pays parviennent à l'employer, mais ce n'est qu'avec difficulté.

L'aperçu des produits des extractions dans ce pays, les fait monter à environ 320,000 myriagrammes de houille par an.

Le prix moyen est évalué de 8 à 10 centimes le myriagramme au lieu de l'extraction.

Les principaux débouchés sont Aix, Marseille, et les lieux voisins.

Les transports se font par terre sur des charettes.

Ces houilles se pulvérisent aisément. Elles ne doivent pas être laissées long-tems à l'air. Lorsque l'action de l'atmosphère ou l'effet du

Numéros de la carte.

transport les a réduites en poussière, elles perdent presque totalement leur propriété comme combustible.

Le prix très-élevé du bois dans cette contrée devrait déterminer à porter beaucoup plus de soins à l'exploitation de ces houillères. Il est probable qu'on en obtiendrait de meilleurs produits, et, dans le cas même où les couches inférieures de houille ne la présenteraient pas de meilleure qualité, on assurerait pour plus long-tems l'extraction.

Les incendies souterrains ont déjà dévoré une partie des couches de houille de ce pays, notamment au lieu dit *la Galère;* et à une autre mine peu distante de celle-là, les couches sont enflammées, et brûlent depuis plusieurs années.

Département du Calvados.

11. Une mine de houille est exploitée Commune de Litry, canton de Baynes. Elle fournit 4 à 5 millions de myriagrammes de houille de diverses qualités. La majeure partie de ces produits est consommée dans le pays. Cependant il s'en fait aussi une exportation assez importante par le port d'Isigny; et cette mine a été, pendant la guerre, d'une ressource précieuse pour les ports de Cherbourg, ceux du Havre et de Honfleur, à l'embouchure de la Seine, et pour les ateliers d'armes qui avaient été mis en activité à Saint-Walery-sur-Somme.

Le prix de la houille sur la mine varie de 12 à 25 centimes, en raison de sa qualité.

On doit des éloges aux concessionnaires de

la mine de Litry, qui déploient les plus grands moyens pour donner à cette entreprise l'activité convenable. Ils y ont placé, en l'an 9, une machine à vapeur qui fait en même-tems l'épuisement des eaux et l'enlèvement au jour des minerais. Elle est la première de ce genre qui soit employée en France. Numéros de la carte.

Cette machine a été construite par les Cit. Perrier. Elle remplit très-bien son objet. Elle économise sur la mine de Litry l'emploi journalier de dix-huit chevaux. Elle consomme environ 50 myriagrammes de houille par jour de travail.

Il est à désirer que l'exemple utile donné à cet égard par les concessionnaires de la mine de Litry, soit imité dans d'autres entreprises analogues.

On m'a assuré que les concessionnaires des mines d'Anzin, département du Nord, allaient faire placer plusieurs machines semblables sur leurs travaux.

La mine de houille de Litry est la seule actuellement en exploitation dans le département du Calvados. Des recherches ont été faites en plusieurs lieux : elles ont été jusqu'ici infructueuses ; cependant il paraît, d'après le rapport du Cit. Duhamel, inspecteur des mines, que celles entamées à Feuguerolles, à peu de distance de Caen, mériteraient d'être suivies.

Département du Cantal.

Ce département, si intéressant pour l'histoire 12.
naturelle, et sur-tout pour l'observation des anciens volcans qu'on y rencontre, n'est pas riche

en mines de houille. C'est seulement au nord-ouest, dans le pays compris entre Mauriac et Bort, qu'on a découvert quelques amas de ce combustible.

Il paraît que le petit nombre d'exploitations qui ont lieu, ne se font qu'à la surface, et d'une manière très-peu régulière.

On n'a point de renseignemens assez précis, ni sur les produits de ces extractions, ni sur le prix de la houille. Cependant ces mines, qui sont peu éloignées du cours de la Dordogne, et du lieu où cette rivière commence à porter bateau, pourraient obtenir par-là des moyens de débouchés assez étendus, et mériter une exploitation plus suivie et plus soignée.

Départemens de la Charente et de la Charente-Inférieure.

Il n'y a point de mines de houille connues en exploitation dans ces deux départemens; il faut qu'ils tirent ce combustible du dehors. Les ports de la Rochelle et de Rochefort, et l'embouchure de la Gironde, peuvent recevoir et y faire circuler les houilles qu'on y apporte par mer des départemens du Nord ou d'Angleterre, ou celles venant de la navigation intérieure, et que le Tarn, le Lot et la Dordogne, verseraient sur la Gironde.

Département du Cher.

Il n'y a pas non plus de mines de houille exploitées dans ce département; mais il pourrait en recevoir abondamment et de très-bonne qualité, par le cours du Cher, si on rendait

Numéros de la carte.

cette rivière plus sûrement navigable jusqu'au-dessus de Saint-Amand, ce qui paraîtrait exiger peu de dépenses. Alors les riches amas de houille de Commentry, et les autres couches nouvellement découvertes aux environs de Meaulne, département de l'Allier, obtiendraient des moyens de débouchés qui leur manquent; et leur exploitation vivifierait ces cantons, en même-tems qu'elle concourrait avec les produits des forges précieuses du département du Cher, à multiplier les moyens industriels de ce pays.

Département de la Corrèze.

La houille est extraite dans plusieurs com- 13.
munes de ce département; et il s'y rencontre de très-nombreuses indications de ce combustible.

Les communes dont les exploitations sont les plus connues, sont Argental, où il paraît y avoir des amas abondans de houille; la Pleau, où plusieurs couches sont connues et exploitées avec facilité, parce qu'elles font partie d'une montagne dans laquelle on pratique, sans beaucoup de dépense, des galeries pour l'extraction du minerais et l'écoulement des eaux; enfin les communes de Cublac, de Ventessac, et les environs d'Alassac.

On peut évaluer au moins à 50 mille myriagrammes les produits de ces différentes mines annuellement. Celle de la Pleau fournit à la manufacture d'armes de Tulles; c'est son principal débouché; celle de Montignac à la manufacture de Bergerac.

La Vézère, qui commence à être navigable

à Uzerche, et la Corrèze à Tulles, fournissent quelques moyens de débouchés aux autres mines.

La Dordogne, qui ne porte bateau qu'à Souillac, fournirait plus de moyens d'activité aux mines de la Pleau et à celles d'Argental, si elle était rendue praticable jusqu'à ce dernier lieu.

Le prix moyen de ces houilles est de 10 centimes le myriagramme. Les mines sont généralement mal exploitées. Comme elles manquent de débouchés suffisans pour les immenses quantités de combustibles qu'elles pourraient fournir, elles ne sont, pour ainsi dire, qu'effleurées à la surface, et en raison seulement du besoin de la consommation locale. Il est difficile, à cause du défaut de débouchés, de trouver des entrepreneurs qui se chargent d'en suivre l'extraction avec la régularité convenable.

Corse et île d'Elbe.

Les renseignemens obtenus jusqu'à présent sur les productions minérales de ces deux îles, ne donnent pas lieu de penser qu'on y trouve des mines de houille.

Département de la Côte-d'Or.

Quelques indices de houille ont été annoncés, notamment dans les communes d'Avesne, Turcey, Montbard et Chevaunay ; elles méritent d'être examinées, et l'ingénieur des mines Champeaux, actuellement employé dans cet arrondissement, donnera sans doute des renseignemens précis sur ces objets ; mais jusqu'à présent aucune mine de houille n'est exploitée dans ce département : il peut recevoir les houilles de Blanzi par le canal de Charollois, et en remontant la Saône jusqu'à Saint-Jean-de-Lône, où commence le canal de Bourgogne.

Département des Côtes-du-Nord.

Il n'y a point de houille encore connue dans ce département. On en a annoncé des indices auprès de Lannion et Quimper-Gaezence, près Pontrieux ; mais on n'y a donné aucune suite. Il n'est donc approvisionné que par le moyen de ses ports de mer, qui peuvent recevoir les houilles des mines de Litry, dans le Calvados, et celles abondantes de nos départemens du nord, qui sont à portée des canaux qui abouchent à la mer.

Département de la Creuse.

Plusieurs mines de houille sont exploitées 14.
dans ce pays, encore très-peu connu sous le point de vue minéralogique, et qui paraît mériter d'être visité avec soin.

Les communes où se trouvent les mines de houille en exploitation, sont celles de Couchezotte, Bosmoraud, Vavory, St-Palais, Fautmazuras.

Quoiqu'on ne porte ici, d'après les renseignemens obtenus au Conseil des mines, leurs produits en commun qu'à 126,000 myriagrammes, ils s'élèvent certainement au-delà de cette quantité, parce que plusieurs extractions n'ont point encore eu de correspondance assez suivie.

Le prix moyen des houilles sur les lieux, est de 10 centimes le myriagramme.

Ces exploitations ne sont pas en grande activité, parce qu'elles manquent de moyens de débouchés.

Si la Creuse, qui est annoncée comme navigable, à la hauteur de Gueret, pouvait être rendue praticable pour des bateaux jusqu'à Ahun, elle ouvrirait un moyen de circulation très-utile aux houillères qui sont voisines de cette commune, et faciliterait le transport de ce combustible jusque dans la Vienne, à laquelle elle se joint dans le département d'Indre-et-Loire. Alors ces mines fourniraient à la consommation d'une partie du département de l'Indre.

D'un autre côté, s'il est possible de rendre navigable le Thirion, qui passe à Bourganeuf, depuis cette ville jusqu'à sa jonction à la Vienne, au-dessus de Limoges, et d'assurer la navigation de la Vienne, depuis Limoges jusqu'à Châtelleraux, où elle commence à porter bateau, on ouvrira un débouché étendu aux mines de houille qui sont au nord et au midi de Bourganeuf, et on fera circuler ce combustible dans les départemens de la Haute-Vienne et de la Vienne. Cette circulation serait extrêmement utile, et donnerait lieu d'y multiplier les fabrications et d'y accroître l'industrie.

Département de la Dyle.

Ce département ne possède point de mines de houille, mais il est limitrophe de celui de Jemmappes, dont les nombreuses houillères lui fournissent au-delà de ses besoins. Il est important, pour que ce combustible, dont l'usage est généralement appliqué dans ce pays, puisse parvenir à un prix convenable aux différens lieux de consommation, que les routes y soient réparées et entretenues avec soin. Sans cela la cherté du transport met les habitans de la Dyle dans un état de détresse vraiment déplorable, sous le rapport des combustibles, et produit, pour l'exploitation des mines du département de Jemmappes, une stagnation qui est préjudiciable.

Département de la Dordogne.

Les cantons de Cransac et de Terasson offrent des amas et des couches de houille de bonne qualité, et d'une très-grande richesse. 15.

Ces mines seraient l'objet d'exploitations actives et très-importantes, si la navigation de la Vesère était rendue plus sûre et plus facile.

Aujourd'hui elles sont exploitées seulement à la surface par quelques propriétaires des terrains qui ne fournissent qu'à la consommation locale.

On ne connaît pas même les produits actuels de ces houillères; mais on sait que l'extraction y serait peu dispendieuse, et qu'elles peuvent fournir long-tems de grandes ressources.

Département du Doubs.

Plusieurs indices de houille ont été annoncés dans ce département. Il y a été même en- 16.

tamé des recherches sur différens points ; mais jusqu'ici il n'y a pas de mine de houille exploitée.

D'après la mesure générale qui vient d'être prise par le Gouvernement, ce département est un de ceux où un ingénieur des mines sera mis en activité. On doit espérer que les recherches y seront déterminées et suivies avec plus de succès.

On a reconnu au Grand-Denis, commune de Flanchebouche (environs d'Ornans), une masse très-considérable de bois fossile bitumineux. Ce combustible n'a point entièrement les qualités de la houille ; mais à l'état auquel on le trouve au Grand-Denis, il peut être employé avec avantage à plusieurs usages, notamment sous les chaudières. Aussi la Régie des salines, qui en a fait faire des épreuves, va s'en servir pour l'évaporation des eaux à la saline de Montmorot. Il en résultera une grande économie sur l'emploi du bois dont on se servait à cette saline.

Département de la Drôme.

17. On a souvent annoncé des mines de houille découvertes dans ce département ; mais au rapport des ingénieurs des mines qui l'ont visité, il paraît que ces indications n'étaient autre chose que des bois fossiles bitumineux qui se rencontrent fréquemment dans les couches de sable, particulièrement aux environs de Crest, dans le district de ce nom, et sur le territoire de plusieurs communes, aux environs de Nions.

On a exploité de ces bois fossiles, notamment

à Crest; et malgré qu'ils ne puissent être appliqués aux mêmes usages que la houille, ils sont encore d'un emploi utile dans ces pays pour les filatures de soie.

Le département de la Drôme, peut recevoir abondamment des houilles, au moins pour l'approvisionnement des communes qui sont voisines des bords du Rhône; ce fleuve pouvant leur apporter celles des mines des départemens de l'Ardèche et de la Loire.

Département de l'Escaut.

Les mines des départemens du Nord et de Jemmappes, fournissent abondamment aux besoins des habitans de ce département, qui n'a point de mines de houille exploitées.

Département de l'Eure.

Ce département n'a point de mines de houille connues.

Il ne peut se procurer cette substance qu'autant qu'il en descend dans la Seine jusqu'à son embouchure, ou qu'il en arrive par mer à Honfleur. Les houillères de Litry (Calvados), ou celles des départemens du Nord, peuvent approvisionner ce port.

Département d'Eure-et-Loir.

Ne possédant pas plus de mines exploitées que le précédent, il ne peut se procurer de houille que celle qui descend la Loire jus-

Numéros de la carte. qu'à Orléans pour sa partie méridionale, et celle qui circule dans la Seine pour sa partie du nord. Mais les transports par terre doivent y rendre ce combustible fort cher.

Département du Finistère.

18. Il n'y a point encore de mines de houille qu'on puisse considérer comme étant en exploitation productive; cependant, sur d'anciennes indications, on a repris depuis peu d'années des travaux de recherches auprès de Quimper.

Ils ont donné quelque espérance. On y a trouvé même de petites veines de houille; et attendu la grande importance, dont une mine de cette nature serait pour le port de Brest, et les autres ports de mer et arsenaux de ce département, le Ministre de la Marine fait continuer en ce moment, avec activité, les travaux de recherches à Quimper, d'après des plans approuvés par le Conseil des mines.

Plusieurs autres indices ont été annoncés à Cleden, et au fond de l'anse de Dinan. Le Citoyen Berth avait donné, dès l'an 6, des renseignemens sur cette dernière localité, qui avaient déterminé à proposer qu'il fût accordé à ce citoyen une permission provisoire pour continuer les recherches qu'il avait faites, et se mettre en état d'obtenir une concession lorsque sa découverte serait mieux constatée. Le Cit. Berth partit pour l'Égypte, et il ne paraît pas qu'il ait été donné suite à ces travaux depuis son départ. Ce point, cependant, serait d'autant plus important pour l'exploitation d'une d'une mine de houille, qu'il serait très-à portée de la rade de Brest.

Numéros de la carte.

Département des Forêts.

On n'exploite pas de houille dans ce département, qui peut recevoir dans sa partie méridionale les produits des mines abondantes des environs de Saarrebruck, et les houilles qui peuvent être transportées par la Moselle.

Département du Gard.

Il est l'un des départemens du midi de la France où ce combustible soit le plus abondant. 19.

Au nord d'Alais les mines de Cendras, de Portes, de la forêt d'Abilon, la Grand-Combe et Pradel, fournissent environ 2 millions 2 cent mille myriagrammes de houille par an.

Les houillères de Banes, de Robillac, de Méranes, de Saint-Jean-de-Valerisque, en fournissent au moins 900,000 myriagrammes.

On exploite encore aux environs du Pont-Saint-Esprit, et du côté de Laudun, plusieurs couches de combustible fossile; mais sa qualité est inférieure à celle des houillères que j'ai cité. Cela est d'autant plus malheureux, que la situation de ces mines, au bord du Rhône, les rendrait plus importantes par la facilité des débouchés.

Si les houillères des environs d'Alais avaient de pareils avantages pour la circulation de leurs produits, l'extraction pourrait facilement y être décuplée, sans crainte de les épuiser de longtems. Mais elles ne peuvent point sortir du pays, à raison de la difficulté ou de la cherté des transports.

Le prix moyen de la grosse houille sur ces mines, est de 7 centimes le myriagramme, et celui de la houille menue de 4 à 5 centimes.

Il paraît qu'on s'occupe en ce moment de l'exécution d'un canal de Nîmes à Saint-Gilles. Les richesses minérales, et les abondantes ressources en combustible, que pourraient offrir, pendant des siècles, les mines des environs d'Alais, mériteraient qu'on s'occupât d'ouvrir au commerce une communication précieuse avec ce pays, au moyen d'un contre-canal qui suppléât au lit du Gardon, qui n'est pas navigable.

Il y a encore dans ce département des couches de houille connues, et qui sont exploitées aux environs de la commune de Vigan. Elles ne sont pas en ce moment en grande activité; quelques extractions même sont abandonnées par suite de discussions contentieuses qui sont sur le point d'être terminées.

Les produits communs de ce canton, peuvent être évalués au moins à 200,000 myriagrammes.

Ces mines ne pourraient avoir de débouchés étendus que par l'Hérault, mais cette rivière n'est point navigable auprès de Vigan.

Département de la Haute-Garonne.

Point de mines de houille exploitées. Il a été fait quelques sondages aux environs de Toulouse sur de prétendues indications. Ces sondages n'ont point confirmé les espérances qu'on avait conçues.

Il a été trouvé dans la forêt de Montbrun, du côté de Montesquieu et Rieux, des bois fossiles à l'état de très-beau jayet. On en voit des échantillons dans la collection du Conseil des mines.

Le département de la Haute-Garonne peut être approvisionné de houille dans sa partie orientale, par les mines de Carmeaux, département du Tarn. Les produits de ces mines sont embarqués sur le Tarn, et entrent avec cette rivière dans la partie nord-est du département de la Haute-Garonne. Mais les difficultés que présente la navigation du Tarn, augmentent beaucoup le prix des houilles de Carmeaux. Il serait peu dispendieux de parer à cet inconvénient; il faut espérer qu'on s'occupera de détruire ces entraves également nuisibles à l'industrie, au commerce, et à tous les consommateurs de ces départemens. Les houilles destinées pour Toulouse, et la partie méridionale du département, sont déposées au port de Saint-Sulpice, d'où on les transporte par terre.

Département du Gers.

Ce département, dans lequel on ne connaît point de mines de houille, ne peut tirer ce combustible que par terre des entrepôts de Toulouse, ou que des ports de la Garonne dans sa partie septentrionale.

Département de la Gironde.

On a découvert en plusieurs endroits, aux environs de Bordeaux, des amas de bois fossiles bitumineux, déposés dans des couches de sable. Comme ces bois fossiles paraissent être répandus assez abondamment, il serait utile d'en suivre les recherches avec plus de constance qu'on ne l'a fait.

Ces recherches ne conduiraient pas à la découverte d'une mine de houille; mais on pourrait tirer un parti utile de l'application des bois fossiles comme combustibles, à plusieurs opérations pour lesquelles on consomme des bois.

Il n'y a pas de mines de houille exploitées dans ce département; mais il reçoit par la Garonne les houilles de Carmeaux. Ce combustible pourrait y être encore plus facilement apporté des mines abondantes qui sont connues, depuis Térasson jusqu'à Bergerac, sur les bords de la Vésère et de la Dordogne, si ces deux rivières étaient rendues plus facilement navigables.

Enfin ce département peut recevoir, par l'embouchure de la Gironde, les produits de nos riches mines des départemens du Nord. L'échange des houilles, des ferronneries, et des objets tres-multipliés qui sont fabriqués dans ces départemens, pour les vins et les eaux-de-vie du Bordelais, qui sont accueillis dans tout le nord, peut se faire par le commerce et la marine française, aussi bien que par l'Angleterre. Il est même probable que nous obtiendrions de grands avantages pour le commerce de ferronneries dans les Indes, à raison de la modicité des prix auxquels les fabriques du nord de la France peuvent fournir ces objets, dont Bordeaux deviendrait l'entrepôt, soit pour l'Amérique, soit pour les Indes orientales. Numér. de la carte

Département de l'Hérault.

Les mines de houille sè rencontrent fréquem- 20.
ment dans ce département. Le canton de Bedarieux en offre d'infiniment riches, celles de Saint Gervais, de Camplong, Boussaque, Graissessac; plus, au midi, dans le canton de Roujan, celles du Bousquet, commune de Neffies; au sud-ouest, canton de Saint-Chiniau, les mines de Cessenon; et plus au midi, auprès du canal des deux mers, celles d'Azillanet. On en a reconnu aussi en différens lieux, aux environs de Montpellier. Il va être accordé une concession pour l'exploitation de celle de Saint-Gely-du-Fesq.

Quoique la plupart des houilles extraites de ces différentes mines, ne soient pas de première qualité, elles sont néanmoins d'un grand secours, à cause de la cherté du bois, et de la multiplicité des fabriques auxquelles elles sont employées.

Mais en général, les moyens de circulation, dans l'intérieur de ce département, ne sont ni assez multipliés, ni assez faciles. Les mines des environs de Bedarieux, qui pourraient fournir beaucoup, n'ont point de débouchés commodes. Des particuliers demandent en ce moment des concessions, à la charge de pratiquer une route, qui donnerait bientôt plus d'importance à ces exploitations, en facilitant les transports à Bedarieux; il faudrait encore ajouter à ce moyen une communication avec

Numéros de la carte.

le canal des deux mers, qui fût moins dispendieuse que celle par terre. Il paraît que la rivière d'Orbe pourrait être facilement rendue navigable, depuis Bedarieux jusqu'à Beziers. Alors elle remplirait très-bien l'objet proposé.

Le prix de la houille sur ces mines, est de 15 centimes par myriagramme. Mais ce prix est déjà doublé quand on les a transportées jusque sur le canal.

Les houillères qui en sont les plus voisines, comme celles d'Azillanet, ont quelques avantages à cet égard.

On peut évaluer en masse les produits des différentes mines de ce département à 1,800,000 myriagrammes.

La meilleure qualité des houilles de Carmeaux, département du Tarn, fait qu'elles sont admises par les consommateurs le long du canal, en concurrence avec celles dont nous venons de parler, malgré que le prix soit à-peu-près double.

Département de Jemmappes.

21. Une très-grande portion de ce département, sur-tout à sa partie méridionale, peut être considérée comme une immense masse de houille à peine recouverte, en quelques endroits, par des couches d'attérissemens plus modernes que les dépôts de ce minéral.

C'est là que le géologue, en parcourant l'intérieur des mines, reste étonné des phénomènes variés que lui présentent les nombreuses couches successives de houilles, dont les inflexions, les crochets, les retours, en sens inverse, et le parallélisme entre elles, pendant ces divers mouvemens, ouvrent un champ vaste, mais difficultueux, aux conjectures sur leur formation, et sur les catastrophes du globe qui ont dû produire de tels résultats : mais ce serait trop m'écarter de mon objet, que de m'arrêter ici à la considération de ces effets imposans, dont la description doit être réservée à des traités qui ont pour objet l'étude de la nature.

Je me bornerai à donner ici une idée des ressources que ce pays fournit, non-seulement à ses habitans, mais à ceux de plusieurs autres départemens, et on jugera combien ses produits en houille pourraient facilement s'accroître, et qu'ils suffiraient pendant long-tems à l'approvisionnement de toutes les parties de la France, qui reçoivent par mer des houilles venant des pays étrangers.

Plus de 300 exploitations sont connues aux environs de Jemmappes, Mons et Charleroi. Elles sont loin d'être portées au maximum d'activité ; cependant la somme de leurs produits s'élève au moins à 220,000,000 myriagrammes par an, et ces produits seraient facilement doublés, si les besoins de la consommation augmentaient dans cette proportion.

Quant aux qualités de ces houilles, elles sont très-variées ; ces nombreuses mines en offrent de toute espèce, et les prix sur le lieu d'extraction, diffèrent en raison de ces qualités de 5 à 9 centimes le myriagramme.

Les débouchés sont les départemens de Sambre-et-Meuse, la Dyle, l'Escaut, les Deux-Nèthes, la Batavie, en concurrence avec les houilles d'Angleterre, les ports de la mer du nord.

Les moyens de circulation sont la rivière de Haine, l'Escaut, les canaux auxquels ces rivières communiquent, la Sambre et la Meuse : enfin les grandes routes de Mons et de Charleroi à Bruxelles.

On sent combien il est important, soit pour ce département, qui occupe à l'exploitation de ses houillères une très-nombreuse population, soit pour les besoins des différens pays où ce combustible peut être transporté, que les canaux et les routes par lesquels cette précieuse matière première circule, soient entretenus soigneusement.

Toute dégradation dans les chemins qui retarde la marche, ou qui oblige à multiplier les chevaux, multiplie les dépenses, et augmente la cherté de la houille, qu'il est du plus grand intérêt de tenir au plus bas prix possible, tant à raison de son emploi dans nos fabriques, que de l'utilité de soutenir la concurrence avec les houilles anglaises.

Les transports par les chaussées de Charleroi et de Mons à Bruxelles, ajoutent beaucoup au prix des houilles. Il a été projeté un canal pour la réunion de la Sambre, du côté de Thuin, à la petite rivière de Senne, qui aurait porté les houilles des mines des environs de Charleroi à Bruxelles, et communiquerait ainsi à l'Escaut et à la Batavie en évitant les transports par terre.

Ce canal, déjà très-précieux sous ce point de vue, serait encore utile au commerce d'exportation qui a lieu dans ces pays pour les clouteries et les verreries qui passent tant en Hollande que dans nos propres ports, et sont embarqués pour les Indes.

Il serait encore un débouché très-avantageux au Gouvernement pour les bois de la forêt de Souane, qu'il traverserait.

Il suffit sans doute d'indiquer de telles améliorations, pour être assuré qu'elles fixeront l'attention sérieuse du Gouvernement; mais en attendant que les nouveaux moyens de circulation puissent être créés, il importe que les routes existantes soient solidement entretenues: et si les routes du département de Jemmappes sont dispendieuses, il est vrai aussi qu'elles produisent des recouvremens considérables.

Enfin je terminerai cet article, en observant qu'il est de l'intérêt de la France de faciliter ses communications commerciales avec la Hollande, et sur-tout l'importation de nos houilles dans ce pays; que par conséquent, loin de mettre des droits à leur exportation, ainsi qu'on m'a assuré qu'il en existe de 20 pour 100, elle devrait en être affranchie. Il serait encore d'une bonne administration d'encourager par des primes la sortie des houilles de ce département, sur-tout lorsqu'elles seraient destinées pour des ports de France, dans les parties de notre territoire, qui ne peuvent recevoir ce combustible des mines de l'intérieur, et qui le recevraient de l'étranger, si nos extractions ne leur en portaient pas.

Département d'Ille-et-Vilaine.

Il n'y a point d'extraction de houille. Il peut recevoir ce combustible par la mer, quant à sa

Numéros de la carte.

partie septentrionale, et les mines de Montrelais et de North, département de la Loire-Inférieure, peuvent fournir à sa partie méridionale.

Département de l'Indre.

Il est dans le même cas que le précédent, quant au défaut de mine de houille. Il pourrait être approvisionné des houillères du département de la Creuse, si la rivière de ce nom, qui ne porte bateaux qu'à Argentan, était rendue navigable plus haut.

La navigation du Cher améliorée, pourrait encore fournir à la consommation de la partie Est du département de l'Indre, parce qu'alors les houillères connues aux environs de Montluçon, deviendraient bientôt l'objet de travaux importans.

Département d'Indre-et-Loire.

Il n'a point de mine de houille, mais il reçoit les produits des mines des départemens nombreux qui versent leurs produits dans la Loire. Ce fleuve traverse le département d'Indre-et-Loire, suivant une de ses plus grandes dimensions.

Département de l'Isère.

22. La partie méridionale de ce département, offre quelques mines de houille, notamment aux environs des communes de la Motte, Pierre-Châtel, la Mure, Saint-Barthélemi-de-Séchilienne, etc.

Elles fournissent un combustible minéral d'une médiocre qualité ; mais il est néanmoins très-précieux dans le pays où le bois devient de jour en jour d'une rareté plus embarrassante.

Ces houillères sont presque toutes exploitées sans règle, sans précaution, pour la vie des ouvriers, et même sans économie.

On a lieu d'attendre de l'attention particulière que le Préfet actuel (   ) porte à cet objet, et du zèle éclairé de l'ingénieur en chef des mines, le Cit. Schreiber, que cet état de chose ne tardera pas à être amélioré.

On peut estimer le produit annuel de ces houillères d'un million à douze cent mille myriagrammes.

Le prix sur les mines est de 15 à 20 centimes le myriagramme ; mais la difficulté des transports qui se font par terre, élève déjà le prix de ce minéral à Grenoble, de 60 à 80 centimes.

Ces houilles peuvent être embarquées sur l'Isère à Grenoble, arriver au Rhône, et descendre ce fleuve, ce qui semblerait devoir donner un débouché très-avantageux à ces exploitations ; mais les frais de leur transport par terre jusqu'à l'Isère, élèvent déjà trop leur prix, pour qu'elles puissent circuler par le Rhône, en concurrence avec les houilles de Rives-de-Gier (département de la Loire). La qualité de celles-ci est aussi bien supérieure, et on les préférerait même à un plus haut prix.

Département du Jura.

Plusieurs indications de houille ont été annoncées ; quelques-unes même ont été suivies, et semblaient donner lieu à des espérances fondées ; mais ces tentatives sont aujourd'hui abandonnées, et il n'y a point de mine de houille en exploitation dans ce département.

Il va être visité par un ingénieur des mines, d'après les nouvelles dispositions prises par le Ministre de l'intérieur, relativement à leurs voyages et à leur résidence dans les départemens. Ainsi il y a lieu d'espérer que d'ici à peu de tems, on aura apprécié les véritables ressources que peut fournir le département du Jura, sous le point de vue de l'exploitation des mines et des usines.

Dans l'état actuel des choses, les mines de Blanzy et de St-Berain (département de Saône-et-Loire), fournissent des houilles à ce département par le canal de Charolois et le Doubs.

Sa partie méridionale en tire des mines de Rives-de-Gier (Loire).

Département des Landes.

On a annoncé des indices de houille auprès de Dax ; mais il est probable, d'après la nature du terrain, que c'est du bois fossile. Au reste, ces indices n'ont point été vérifiés convenablement.

Le département des Landes n'a point de mines de houille exploitées. Il reçoit ce combustible par la mer, notamment par le port de Bayonne.

Sa partie septentrionale peut en recevoir des mines de Carmeaux (Tarn) par la Garonne, d'où il faut les transporter par terre.

Numéros de la carte.

Département du Léman.

Nota. A l'égard de ce département, nouvellement réuni à la France, on n'a pas encore pu se procurer de renseignemens assez positifs pour mériter d'être publiés ici.

Département du Liamone. Voyez *Corse.*

Département de Loire-et-Cher.

Ce département n'a point de mines de houille connues. Il reçoit ce combustible par la Loire, des mines de la Haute-Loire et de l'Allier. 23.

Département de la Loire (Haute-).

D'abondantes mines de houille sont exploitées dans les cantons de Brassac-Ste.-Florine, Freugères, Vergongheon et Lempdes; elles fournissent des produits importans. Celle dite du *Grosmenil*, située dans la dernière commune, qui avait été criblée d'une multitude de petits puits par lesquels la couche de houille était encombrée et noyée, est maintenant entre les mains de concessionnaires qui épuisent ces amas d'eau, et se disposent à porter l'exploitation dans la profondeur. On a lieu de croire que cette seule mine, lorsqu'elle sera en état de produits, fournira autant que les autres mines de ce pays fournissent en ce moment.

Celles-ci cependant livrent au commerce annuellement de 15 à 18 cent mille myriagrammes.

Ces houilles sont d'une excellente qualité.

Elles ont pour moyens de débouchés la navigation de l'Allier, de la Loire, du canal de Briare et de la Seine. Ce qui leur donne une étendue de circulation de plus de 140 lieues.

Il s'en consomme beaucoup à Paris. Elles concourent à l'approvisonnement de cette commune avec les mines des départemens de la Loire, de l'Allier, de la Nièvre et de Saône-et-Loire.

Le prix moyen des houilles du département de la Haute-Loire, sur les lieux, est de 15 à 20 centimes, et rendues à Paris, de 30 à 40 centimes le myriagramme.

Comme les bateaux sur lesquels on charge ces houilles au voisinage des mines, ne peuvent pas remonter au point de départ, il en résulte que les bois propres à leur construction, qui se tirent des forêts, vers les montagnes, du côté de la Chaise-Dieu, deviennent de plus en plus rares. L'élevation de leur prix, l'augmentation considérable de celui des journées pour les travaux des mines, depuis sept à huit ans, et l'accroissement aussi des frais de voiturage et de transport, rendent ces houilles trop chères, et influent d'une manière fâcheuse sur le prix des fabrications auxquelles elles sont nécessaires.

Il y a dans les montagnes de la Haute-Loire des forêts dont les bois ne se vendent pas faute de débouchés. On assure qu'avec peu de dépense, on pourrait ouvrir des communications assez faciles vers ces forêts, afin d'y prendre des bois propres à la construction des bateaux pour la navigation de l'Allier. Il est de l'intérêt du Gouvernement, et de celui des concessionnaires des mines de la Haute-Loire, d'agir de concert pour exécuter ces communications. Le Préfet de ce département (le Cit. Lamotte), qui a sur cet objet toutes les données nécessaires, ne manquera pas sans doute de mettre le Gouvernement à même de produire cette amélioration. Ce Magistrat a annoncé au Conseil des mines qu'il s'en occupait.

Numéros de la carte.

Département de la Loire.

La partie sud-est de ce département offre un grand nombre de mines de houille exploitées sur une étendue de plus de 20,000 mètres de longueur, et de 7 à 8000 mètres de largeur. 24.

Les principales communes, dans l'arrondissement desquelles ces mines sont situées, sont celles de Rives-de-Gier, Saint-Chamond, Saint-Etienne, le Chambon, Firnini, Roche-Molière, etc.

La multiplicité et la puissance des couches de houille, reconnues dans ces divers cantons, donnent lieu, depuis plusieurs siècles, à l'extraction d'une immense quantité de ce combustible minéral; mais on a pratiqué, pour obtenir des produits prompts et faciles, une infinité de percemens, au moyen desquels on a extrait la houille des couches les plus voisines de la surface. Tout le pays est criblé de ces ouvertures. Ces travaux irréguliers, rendent l'exploitation des couches inférieures plus pénible et plus dispendieuse. Ainsi, quelques profits momentanés, obtenus des extractions sur les couches superficielles, seront chèrement rachetés dans la suite par des obstacles difficultueux à surmonter, et par de plus grandes dépenses auxquelles l'exploitation donnera lieu.

Ces considérations peuvent être indifférentes aux particuliers qui, ne s'occupant que de la durée de leur existence, sont, pour la plupart, insoucians sur les résultats ultérieurs de leurs opérations, mais elles ne sauraient l'être pour le Gouvernement : sa surveillance doit garantir à nos neveux la conservation, la jouissance la plus économique des matières premières minérales, parce que leur usage est d'une nécessité indispensable, et qu'elles influent immédiatement sur les moyens de défense de l'Etat, et sur l'activité et la prospérité du commerce. On donne, avec raison, la plus grande attention à la conservation des forêts. Que ne doit-on pas faire pour celles des substances minérales dont nous ne pouvons pas, à notre gré, déterminer la réproduction !

Le mauvais mode d'extraction dont je viens de parler, a eu lieu plus particulièrement aux environs de la commune de Saint-Etienne.

Les mines plus au nord, notamment celles de Rives-de-Gier, sont exploitées avec beaucoup plus de régularité et d'intelligence. Les extracteurs, dont la plupart se sont réunis en sociétés assez opulentes, commencent à développer de grands moyens. Ils obtiendront sûrement, à l'avenir, des produits plus abondans, et d'une manière plus économique.

Quant aux mines de l'arrondissement de Saint-Etienne, et celles plus au sud, il devient extrêmement urgent de remédier aux désordres qui y ont été commis, en appliquant à ces

ces localités de grands travaux d'épuisement qui permettent de porter avec sécurité l'exploitation dans les profondeurs.

Des ingénieurs des mines qui ont été envoyés sur les lieux en l'an 3, se sont occupés particulièrement de cet objet. Ils ont présenté dans leur rapport, appuyé des nivellemens faits sur les lieux, un projet de galerie d'écoulement qui dégorgerait les montagnes de terre noire de Cret, de Rouzi et de Saint-Jean-de-Bonnefond. Il ne s'agit plus que d'arrêter un mode d'exécution de cette galerie, qui aurait 1336 mètres de longueur. Les dépenses auxquelles elle donnerait lieu, ne sont rien en comparaison de la valeur des amas de houille qu'on aurait reconquis sur les eaux et sur les décombres des anciennes extractions.

Cette localité n'est pas la seule de ce pays où des mesures de ce genre seraient utiles. Plusieurs cantons où des couches puissantes de houille sont connues dans la profondeur, offrent les mêmes ressources locales pour en reprendre l'exploitation.

Les extracteurs du canton de Rives-de-Gier ont déjà donné le courageux et louable exemple de travaux aussi importans. Ils percent aux grandes Flaches et au Mouillon, deux galeries d'écoulement, dont l'effet le plus prochain sera de procurer facilement des produits doubles de ceux qu'ils obtenaient, et qui assureront une longue et brillante exploitation. Ils se sont aussi déterminés à l'emploi des machines à vapeurs. L'avantage de l'application de ces machines commence à être assez généralement reconnu en France; elles y sont cependant encore trop rarement en usage, sur-tout dans les mines de houille.

Si, comme on a lieu de l'espérer d'après les dispositions du Gouvernement, et l'intérêt plus éclairé des entrepreneurs, l'exploitation des mines continue à s'améliorer aux environs de Rives-de-Gier, qu'elle soit rétablie au moyen des galeries d'écoulement praticables autour de Saint-Etienne, et que les travaux y soient constamment régularisés, cette seule partie du département de la Loire, pourra encore fournir pendant long-tems d'abondantes ressources en houille.

Les produits actuels des diverses mines des cantons que je viens de citer, portés à la somme de 30 millions de myriagrammes par année, sont très-probablement au-dessous de la vérité. Il est certain au moins qu'ils pourraient être quadruplés, par une meilleure exploitation, si les besoins exigeaient le versement de cette quantité.

Quant aux qualités et prix de ces houilles, ils sont assez variés : la première qualité coûte sur la mine de 10 à 12 centimes le myriagramme; celle moyenne se vend 7 à 8 centimes, et la plus inférieure 5 centimes.

Les débouchés sont d'abord, les consommations des manufactures d'armes, de ferronneries et clincailleries de Saint-Etienne et des autres communes du département; mais les produits de ces mines ont d'autres moyens de circulation multipliés et très-étendus. D'un côté, ils sont versés sur la Loire, au port de Saint-Rambert, et traversent, en descendant ce fleuve, la majeure partie de l'intérieur de la France et des départemens de l'ouest; et les canaux qui communiquent à la Loire, apportent ces houilles sur le cours de la Seine, ce qui étend considérablement leur écoulement vers le nord.

D'un autre côté, le canal de Gisors les porte au Rhône, ce qui les fait entrer en concurrence avec avantage à Lyon, dans quelques départemens de l'est, et en suivant le cours du Rhône, vers le midi, jusqu'à Marseille.

Le prix moyen de celles de ces houilles qui sont transportées à Lyon, est de 15 à 18 centimes le myriagramme : leur prix à Marseille est de 35 centimes.

Quant à celles qui suivent le cours de la Loire, et qui, passant dans la Seine, descendent à Paris et même jusqu'à Rouen, leur prix se règle sur ceux des houilles de la Haute-Loire, de l'Allier et de la Nièvre, en raison de leurs qualités respectives.

Je ne dois pas manquer de faire connaître ici deux circonstances qui influent sur l'élévation du prix des houilles de ce département. C'est précisément parce qu'elles ont des moyens de débouchés très-étendus, qu'il importe davantage que l'extraction et les transports coûtent le moins possible.

Les bois nécessaires au cuvellement des puits et au soutien des travaux intérieurs, deviennent rares autour des mines : ceux dont on a besoin pour la construction des bateaux, le sont encore plus. Il paraît qu'on pourrait remédier à ces inconvéniens en ouvrant des communications, dont l'exécution ne serait pas très-dispendieuse, vers les montagnes à l'ouest; ce serait un moyen de faire valoir les forêts qui couvrent ce pays. J'ai fait la même observation à l'égard des mines de la Haute-Loire, parce qu'elles sont dans des circonstances analogues : celles-ci s'approvisionneraient de bois sur les versans des montagnes à l'ouest, et celles de la Loire, sur les versans à l'est. Plusieurs projets ont été présentés à cet égard. Il est, je le répète encore ici, de l'intérêt du Gouvernement et de celui des exploitans, de s'arrêter à celui qui mérite la préférence, et d'en assurer l'exécution la plus prompte.

Une autre circonstance qui influe sur le prix des houilles de la Loire, sur-tout de celles qui sont embarquées au port de Saint-Rambert, c'est qu'elles sont transportées par terre des différentes mines à ce port ; et malgré que les distances ne soient guère que de 4 à 8 lieues, ces transports occasionnent des frais assez considérables. Il serait utile d'examiner si la petite rivière du Fureaud, qui se jette dans la Loire, un peu au-dessous de Saint-Rambert, ne pourrait pas être rendue susceptible de porter bateau, au moins sur une grande portion de son cours. Cette petite navigation diminuerait sensiblement les premiers frais de transport des houilles dont il s'agit. Cet objet, assez important, est à vérifier. Les ingénieurs des mines qui ont été envoyés dans ce pays, en ont donné l'idée.

Indépendamment des mines du district de Saint-Etienne, qui viennent de nous occuper, on connaît encore dans le département de la Loire quelques amas de houille de médiocre qualité, du côté de Roanne, à Saint-Symphorien-de-Lay, et aux environs. Il a même été accordé une concession pour leu exploitation; mais les produits en sont peu importans, et n'ont de débit que sur le lieu même.

Numéros de la carte.

Département de la Loire inférieure.

25. Ce département pourrait, comme on vient de le voir, recevoir les houilles des mines situées vers le cours supérieur de la Loire, ainsi que celles de l'Allier. Les mines de Décise, dont il sera question en parlant du département de la Nièvre, sont encore versées sur la Loire. Mais il semble que la Nature se soit plu à accumuler, de loin en loin, sur les bords de ce beau fleuve, des amas de substances minérales qui devaient concourir avec les productions multipliées de ces riantes contrées, à l'activité et à la prospérité de leurs habitans.

Le cours inférieur de la Loire reçoit encore les houilles des mines de Montrelais, situées à deux ou trois lieues au nord de Varades et d'Ingrande. C'est dans ce dernier lieu qu'elles sont embarquées pour être transportées aux diverses communes sur les bords de la Loire, en descendant jusqu'à Nantes, où la consommation est la plus considérable.

La quantité de houille qui peut être extraite annuellement de cette mine, serait évaluée très-modérément en la fixant à un million de myriagrammes.

La qualité en est bonne. Elle se vend sur les lieux, prix moyen, 5 centimes le myriagramme, et la même mesure, rendue à Nantes, y coûte 25 centimes.

Les transports par terre de la mine au port d'Ingrande influent déjà considérablement sur l'accroissement du prix de ce combustible. Il ne peut se faire, dans l'état actuel de la route, qu'à dos de cheval : il faudrait au moins qu'elle fût rendue praticable pour des voitures.

Les moyens de débouché de cet établissement sont : la consommation du pays et des cantons environnans, au nord et à l'est, le cours de la Loire en descendant, comme je l'ai déjà dit, et les ports voisins de l'embouchure de ce fleuve.

Cette exploitation est susceptible d'un plus grand développement et de produits plus considérables.

On fait en outre des travaux de recherche dans ce département, sur le territoire de la commune de Nort, arrondissement de Nantes, sur le bord de la rivière d'Erdre. On y a trouvé de la houille, et sa disposition fait concevoir l'espérance d'une exploitation lucrative. Les produits de cette mine auront l'avantage précieux de pouvoir être transportés à Nantes sur l'Erdre.

Plusieurs autres indications ont été annoncées, mais elles n'ont pas été jusqu'à présent suivies avec succès.

Il y a aussi dans ce département des tourbières, dont les produits sont abondans et très-utiles aux habitans. Les plus considérables se trouvent dans les marais de Montoire, au nord de Nantes. L'exploitation de ces tourbières occupe plus de huit mille individus.

Département de Loire et Cher.

Point de mines exploitées dans ce département. Il reçoit les houilles qui sont apportées sur la Loire, qui le traverse, et il pourrait encore consommer celles qui viendraient par le Cher, des mines situées aux environs de Commentry et de Montluçon, département de l'Allier, si la navigation du Cher était rendue plus facile.

Département du Loiret.

Il n'a pas non plus de mines de houille exploitées, mais il est abondamment pourvu par la navigation de la Seine. Ce département transmet à la Seine, par le canal de Briare et le canal d'Orléans, tous les produits de la Haute-Loire, de l'Allier, et des bords du Rhône et de la Saône.

Département du Lot.

On connaît aux environs de Figeac, à l'extrémité *est* de ce département, des mines de houille abondantes. Elles sont mal exploitées par les propriétaires du sol, mais susceptibles de travaux considérables et productifs, si on leur créait des débouchés convenables.

Il faudrait que le Lot fût capable de porter bateaux depuis Cahors jusqu'au-dessus de ces mines. Les masses du combustible minéral qui sont connues dans ce canton, et dont l'extraction serait très-facile et peu dispendieuse, méritent qu'on s'attache aux moyens de faciliter leur circulation. La navigation du Lot prolongée vers le département de l'Avéyron, serait également importante pour les mines de ce pays et pour ses diverses autres productions.

Le produit actuel des mines de houille des environs de Figeac est très-peu important; mais il pourrait égaler celui des cantons les plus riches en ce genre.

Le nord du département du Lot peut être approvisionné des houillères de la Corrèse et de la Dordogne, et sa partie méridionale peut recevoir par l'Avéyron celles des mines de Carmeaux, département du Tarn.

Département de Lot et Garonne.

Il n'a point d'exploitation de mine de houille. La Garonne lui apporte celles extraites des mines de Carmeaux, département du Tarn, et il reçoit par le Lot celles du département de ce nom, qui lui seraient fournies à bien meilleur compte, si la navigation du Lot était prolongée vers Figeac et le département de l'Avéyron.

Les houillères de cette contrée donneraient lieu à des entreprises très-actives, porteraient abondamment des houilles sur tout le cours de la Garonne, et soutiendraient la concurrence, à son embouchure, avec celles qui peuvent y arriver par mer, si ce moyen de débouché leur était ouvert.

Département de la Lozère.

La découverte de quelques couches de houille dans ce pays serait d'une grande utilité. Le bois y devient plus rare de jour en jour, et les communications avec les pays à houille des départemens voisins sont difficiles et très-dispendieuses.

Plusieurs indications ont été annoncées, notamment du côté de la Canourgue, du côté de Mende et aux environs de Meyrmey : quelques échantillons parvenus au Conseil des mines, n'annoncent que des bois fossiles.

Il est indispensable de consacrer dans ce département quelques fonds à desrecherches, et même à des sondages dirigés par un homme suffisamment instruit.

L'ingénieur des mines, Blavier, chargé de visiter ce département, ainsi que celui de l'Avéyron, ne manquera pas sûrement de donner à cet objet toute son attention; et on a lieu d'espérer de ses lumières et de son activité tout le succès possible.

Département de la Lys.

Ce département n'a point de mines de houille exploitées. Il reçoit celles des départemens du Nord et de Jemmappes.

Département de la Manche.

Plusieurs indications de houille sont connues dans celui-ci, notamment dans la forêt de Briquebec près Valognes, en la commune de Plessis près Fretot, en celle de Moon et celle de Semilly, arrondissement de Saint-Lô.

Les recherches se suivent sur le territoire de la commune du Plessis : on y a rencontré même des couches de houille; mais jusqu'alors elles sont tellement entremêlées de couches schisteuses, que cette exploitation ne peut pas être considérée encore comme étant dans le cas de couvrir ses dépenses par les produits.

En attendant que les découvertes soient plus assurées, ce département peut consommer des houilles des mines de Litry (Calvados), et en recevoir dans ses ports de mer des mines des départemens du Nord, de Jemmappes, etc.

Département de la Marne.

Ce département n'a point de mines de houille connues. On y rencontre fréquemment, sous les couches de terre marneuses, des amas de bois fossiles et de tourbes très-pyriteuses. Ces substances ont souvent été annoncées comme de la houille; mais elles n'ont pas les qualités de ce combustible. Elles s'allument lentement, et deviennent totalement incandescentes; mais elles donnent très-peu de flamme, et, le plus souvent, point du tout. On appelle dans le pays cette substance *terre-houille*.

La vallée de la Vesle fournit abondamment des tourbes de très-bonne espèce. Cette rivière, qui prend sa source à l'est de Châlons, passe à Reims, à Braine, et se jette dans l'Aisne, au-dessus de Soissons, parcourt une étendue de quinze à dix-huit lieues. Elle coule partout sur un lit de tourbes, et peut offrir de grandes ressources aux communes voisines, si l'exploitation est dirigée avec les précautions nécessaires pour l'économie des tourbes mêmes, et pour améliorer l'état de la vallée, au lieu de la détériorer, comme il ne résulte que trop souvent des mauvais tourbages.

Département de la Marne (Haute-).

Point de mine de houille en exploitation. Plusieurs indications ont été annoncées. Elles n'ont fourni jusqu'ici que des bois fossiles bitumineux.

Cependant, des échantillons transmis au Conseil des mines depuis l'an 9, doivent donner lieu à des recherches plus attentives. Et si le citoyen qui les a transmis, les a réellement trouvés aux environs de Langres, il serait utile que les localités fussent visitées par un ingénieur des mines, et peut-être qu'il y fût fait des sondages ou des travaux de recherches.

Ce département est éloigné des pays à houille, et n'a point de communication facile avec eux; mais à la vérité il est assez riche en bois.

Département de la Mayenne.

Il s'approvisionne de houille sur le cours de la Loire. Les bateaux remontent la Mayenne jusqu'à Laval, et la Sarthe jusqu'au Mans.

Numéros de la carte.

Département de Mayenne-et-Loire.

26. Il y a plusieurs petites extractions de houille dans le canton de Saint-Aubin-de-Luigné, sur les territoires de Chaudefond, Montjean, et en divers autres lieux circonvoisins. Ces extractions se font très-irrégulièrement. Il est à désirer qu'on parvienne à les régulariser. Le voisinage de la Loire et du canal de Layon, leur offrirait des moyens de débouché extrêmement commodes.

On ne connaît pas la somme des produits que ces mines fournissent annuellement.

La mine de Saint-Georges-Châteloison, située entre Vihiers et Doué, à l'ouest de cette dernière commune, offre une exploitation plus régulière et plus importante.

Cet établissement a beaucoup souffert pendant les troubles intérieurs qui ont ravagé ces contrées.

Ses produits s'élèvent à environ 300,000 myriagrammes par an. Mais ils pourraient être bien plus considérables.

Le canal de Layon, qui est un moyen de circulation très-précieux pour cette mine, comme pour tous les produits du pays, a été rompu et considérablement endommagé pendant la guerre de la Vendée. Il est urgent qu'il soit complètement réparé.

Plusieurs autres mines de houille sont connues dans ce département, sur-tout aux environs de Vihiers et de Saumur; mais la plupart ne sont pas exploitées, ou ne le sont encore que faiblement, malgré que la qualité des houilles soit généralement bonne. Numéros de la carte.

On ne peut pas espérer une grande activité des exploitations de ce pays, tant que le canal ne sera pas rétabli. Il serait même utile de tâcher d'étendre leurs débouchés, en prolongeant ce canal au midi, et le rapprochant du système de navigation intérieure dont le projet a été présenté pour la réunion de la Vienne et de la Sèvre.

Département de la Meurthe.

Il a été annoncé des découvertes de houille aux environs de Nancy. Les échantillons envoyés n'étaient que des bois fossiles bitumineux.

Différentes recherches ont été faites dans d'autres parties du département, particulièrement aux environs des salines de Moyenvic, Deinze et Château-Salins. Il eût été bon de s'assurer définitivement de leurs résultats par quelques sondages.

Jusqu'à présent ce département ne possède point d'exploitation de houille. Il tire ce combustible des mines des départemens de la Moselle et de la Saarre.

On pourrait tirer parti, pour la consommation des salines, des tourbes qui se trouvent très-abondamment répandues dans la vallée de la Seille, et celles des rivières qui s'y réunissent.

Département de la Meuse.

Il n'y a point de mines de houille exploitées dans ce département. 27.

Il peut recevoir les houilles de la Saarre par la Moselle et le canal qui communique à la Meuse, entre Toul et Pagny; et la Meuse peut y faire remonter jusqu'à sa partie septentionale, les houilles du département de l'Ourthe.

Département de la Meuse-Inférieure.

Ce département possède des mines de houille très-importantes aux environs de Rolduc.

Leurs produits annuels s'élèvent à plus de 13,500,000 myriagrammes, et il s'en faut de beaucoup qu'elles soient en bon état d'exploitation. Elles sont susceptibles de produits beaucoup plus considérables. Mais il est sur-tout indispensable de porter à ces exploitations une surveillance conservatrice.

Les houilles sont de diverses qualités. Il y en a de très-bonnes.

Leur prix moyen sur la mine varie de 5 à 14 centimes de myriagramme.

Les débouchés des houillères de Rolduc sont la consommation du pays, et celle des fabriques des pays de Juliers, Maestricht, et le cours de la Meuse.

Ce département est d'ailleurs abondamment pourvu de houilles par les mines des environs de Liége, dont les produits descendent la Meuse. Il pourrait l'être encore par les mines du département de Jemmappes, au moyen de la communication de la Sambre et de la Meuse à Namur.

Il y a des tourbières abondantes dans les cantons de Heythnysen et de Weert.

Département du Mont-Blanc. Numéros de la carte.

Plusieurs mines de houille sont connues dans ce pays. Quelques-unes sont exploitées dans le territoire des communes d'Entrevernes, près Annecy, de Montmin, de Novalaise, Servolex, Petit-Bernard. 28.

On en a annoncé des indices dans le canton de Moutiers, aux environs des communes de Thonon, de Cruseilles, Valloires, Cognin.

Les produits annuels des houillères, exploitées dans ce département, peuvent être portés à 120,000 myriagrammes par an.

Ces mines sont susceptibles de produits beaucoup plus considérables ; mais il n'y a point de consommation.

Le prix de la houille sur les mines, est de 5 centimes le myriagramme.

La houille d'Entrevernes, sur-tout, est de bonne qualité. Cette mine, dont l'exploitation est la plus active, pourrait porter ses produits à Annecy, et sur les bords du lac de même nom ; mais les habitans ne sont point encore disposés à faire usage de ce combustible, malgré que le bois soit devenu assez rare dans le département du Mont-Blanc.

Il faudrait stimuler dans ce pays l'établissement de fabriques, qui pussent consommer ces houilles, et les y appliquer au traitement du fer, dont il y a d'abondantes et d'excellentes mines. Il faudrait aussi qu'on se déterminât à l'exécution d'un chemin de voiture depuis longtems projeté. Il aurait facilité le transport à

Numéros de la carte.

Annecy, des houilles d'Entrevernes, qui ne peuvent sortir qu'à dos de mulet.

La mesure qui vient d'être arrêtée par le Gouvernement pour l'établissement de l'École pratique des mines à Pezey, mine de plomb et argent, voisine de la ville de Moutiers, va porter, sous peu d'années, l'art du mineur au plus haut degré en France, et nous fera jouir plus complètement des ressources que la nature a répandues sur notre sol, avec la même profusion que chez les nations voisines.

Cette École de mine produira dans le Mont-Blanc, par le séjour des hommes éclairés qui la composent, des améliorations rapides et précieuses à l'égard des mines déjà connues dans ce département, et des fabrications qui peuvent en dépendre.

Il est probable aussi que leur présence contribuera à la détermination et à la plus prompte exécution des moyens de circulation de ces richesses, et que cet établissement influera avantageusement sur la prospérité commerciale du Mont-Blanc et des pays voisins.

Département du Mont-Tonnerre.

29. Plus de 30 mines de houille sont connues dans ce département. Plusieurs ont été abandonnées par suite de la guerre.

Les cantons qui en offrent le plus, sont ceux de Lautereck, Wolfstein, Obermoschel.

Les produits de ces diverses mines peuvent être portés, dans l'état actuel, à environ 425,000 myriagrammes. Elles pourraient fournir beaucoup

coup plus si la consommation exigeait que l'extraction fût augmentée.

La qualité varie. Il y en a peu de très-bonne; mais elle est généralement propre au chauffage des poêles.

Le prix sur les mines est de 8 centimes le myriagramme. Ces houillères n'ont d'autres débouchés que les besoins du pays. On en emploie considérablement à la calcination de la chaux, tant pour la bâtisse, que pour être répandue sur les terres en culture.

Elles servent aussi pour les fonderies de mercure, dont ce département possède plusieurs mines très-importantes, et pour l'évaporation aux belles salines de Kreutznack.

Ce département reçoit des houilles de première qualité de la Saarre et de la Moselle; et il paraît qu'il en est aussi versé des mines de la rive droite du Rhin, dans les cantons de la rive gauche de ce fleuve. Les colporteurs et entreposeurs de ces dernières houilles, ont soin d'accréditer le préjugé qui veut qu'elles soient préférables aux nôtres; mais il est reconnu que celles de Saint-Ingbert, de Duttweiller, etc., dans la Saarre, sont de la meilleure qualité.

Département du Morbihan.

Le Morbihan n'a point de houilles. Il reçoit celles qui sont exploitées sur les bords de la Loire, ou des rivières qui s'y réunissent.

Si les recherches qui se font à Quimper, département du Finistère, ont des résultats heureux, le Morbihan pourra encore en recevoir de ce côté.

Numéros de la carte.

Enfin les ports de mer ouvrent à ce département la communication avec les abondantes mines du nord de la France.

Département de la Moselle.

30. Il y a des mines de houille exploitées dans ce département, aux environs des communes d'Ostenbach, et dans le canton de Petelange.

Leurs produits annuels peuvent être évalués à 100,000 myriagrammes au moins.

La houille est d'assez bonne qualité.

Elle se paie sur la mine 9 centimes le myriagramme. Les débouchés sont la consommation même d'une partie du département de la Moselle, et celle du département de la Meurthe.

Département des Deux-Nèthes.

Ce département n'a point de mines de houille; mais il est très-abondamment pourvu des mines des départemens de Jemmappes et du Nord, par la route et le canal de Bruxelles, et par le cours de l'Escaut.

Il serait bien précieux pour ce département, qu'on donnât suite au projet de réunion de la Sambre à la petite rivière de Senne, dont j'ai parlé en traitant du département de Jemmappes.

Cette réunion évitant les transports par terre des houilles des environs de Charleroi à Bruxelles, diminuerait beaucoup le prix de ce combustible dans le département des Deux-Nèthes.

Département du Nord.

Numéros de la carte.

Des exploitations de mines de houille très importantes ont lieu à Anzin, près de Valenciennes, à Fresnes, Raismes et Vieux-Condé. 31.

Il en existe aussi une considérable sur la commune d'Aniche.

Plusieurs recherches sont tentées en ce moment sur différens points de ce département, où on espère encore rencontrer des couches de houille.

Ces recherches sont nécessairement très-dispendieuses, parce qu'il faut traverser presque partout une épaisseur de 60 à 80 mètres de couches calcaires avant de parvenir au terrain houiller.

Les différentes mines de houille exploitées dans ce département, fournissent au moins 30,000,000 myriagrammes par an.

Les qualités sont variées. Il y en a de très-bonne pour forger le fer; d'autre qui est préférable pour l'usage des poêles; et enfin une dernière qualité très-propre encore à la cuisson de la chaux.

Le prix sur les mines est différent, suivant les qualités.

Le prix moyen de la bonne houille est de 12 à 15 centimes le myriagramme. Elle coûte, rendue aux ports d'Ostende, Dunkerque et Calais, de 25 à 28, et au Havre, de 52 à 55 centimes environ.

Les moyens de débouchés de ces mines, surtout de celles voisines de Condé et de Saint-Amand, sont très-étendus vers le nord, à cause de la navigation de l'Escaut, et des nombreux canaux auxquels cette rivière communique. En sorte que les produits de ces mines pourraient être portés à peu de frais jusqu'à Gand, Bruges, Ostende, Termonde, Anvers, et circuler dans la Hollande, sortir, soit par les ports d'Ostende ou de Dunkerque, ou par l'embouchure de l'Escaut, et devenir l'objet d'un commerce maritime aussi actif que celui des Anglais, sous le point de vue de l'exportation des houilles. Mais il faudrait rendre plus facile et plus prompte la navigation de l'Escaut et des canaux du nord, et favoriser la circulation de nos houilles, et leur emploi dans l'intérieur, par tous les moyens qui sont entre les mains du Gouvernement. Les Anglais vont jusqu'à accorder des primes pour l'exportation de cette matière première, dont ils font des extractions abondantes.

Les mines du département du Nord deviendront infiniment importantes aux départemens intérieurs de la France, notamment à ceux de la Somme, de l'Aisne, de l'Oise et de la Seine, quand les canaux projetés et commencés pour la réunion de l'Escaut à la Somme, et à la rivière d'Oise, seront exécutés. Les combustibles sont en général à un très-haut prix dans les départemens que je viens de citer. Ils profiteront de ces riches amas, dont la nature a si largement pourvu nos contrées du nord.

La facilité qu'auraient alors les extracteurs des pays du nord, pour apporter des houilles à Paris, en concurrence avec les départemens qui sont sur les bords de la Loire et de l'Allier, tiendrait toujours ce combustible à un prix modéré dans cette grande commune. Ses habitans, menacés de manquer absolument de bois pour fournir à sa très-grande consommation, s'habitueraient peu-à-peu à l'usage de la houille.

De nouvelles fabriques qu'on ne peut élever à présent, à cause de la rareté du combustible, seraient bientôt créées dans ces divers départemens.

L'économie domestique et l'économie publique en tireraient également de grands avantages, et nos bois seraient ménagés.

L'exécution de ces canaux serait infiniment utile sous plusieurs autres rapports qui sont connus, et dont le Gouvernement a apprécié l'importance.

Il a été aussi proposé de réunir la Sambre à l'Oise, par un canal qui viendrait aboucher à cette rivière à *Guise*.

Ce projet ferait circuler dans l'intérieur de la France les houilles des mines du département de Jemmappes, qui sont versées sur la Sambre; et comme cette rivière se jette dans la Meuse à Namur, on ouvrirait une communication très-utile aux produits industriels nombreux et variés du département de l'Ourthe.

Département de la Nièvre.

Les mines de houille connues dans le canton de Decise, ont donné lieu à une exploitation très-productive. L'extraction est ralentie en ce moment, à raison de la mauvaise administration de l'établissement principal pendant les années dernières, et de quelques difficultés contentieuses qui en sont les suites. Mais il 32.

est probable que sous peu de tems ces mines reprendront toute l'activité dont leur exploitation est susceptible.

Les produits annuels des diverses extractions ne vont pas à présent à 1,000,000 myriagrammes, mais ils augmenteront beaucoup. Ces mines sont dans le cas de fournir plus du double, surtout si au lieu d'une seule concession, on en accorde plusieurs à différens extracteurs, en prenant les précautions nécessaires pour que les travaux ne soient point réciproquement entravés.

Il résulterait aussi de cette mesure une concurrence utile aux consommateurs, considération qui n'est pas à négliger à l'égard de ces mines, dont les produits commencent à être employés à Paris par les fabriques à poêles et à chaudières.

La qualité de ces houilles, généralement, est telle, qu'elles doivent être employées promptement après leur extraction. Elles perdent considérablement par une longue exposition à l'air.

Le prix sur la mine est de 8 à 10 centimes, et rendu à Paris, de 10 à 13 centimes.

Les moyens de circulation sont la Loire, le canal de Briare, la Seine, etc.

Plusieurs indices de houille ont été annoncées dans ce département. Il paraîtrait utile d'approfondir les recherches sur la commune de Coulon, canton de Cervon.

Il a été fait, en l'an 4, un sondage dans la commune de Savigny, canton de Varzé. On s'est arrêté à 60 mètres environ de profondeur dans des schistes gris-bleuâtres, après avoir traversé différens terrains dans lesquels les couches de schistes pyriteux et de marnes alternaient. On n'a point rencontré, jusqu'à cette profondeur, de grès micacés ayant le caractère de *detritus* des roches primitives.

Département de l'Oise.

On n'a rencontré jusqu'ici, dans ce département, que des couches assez abondantes d'une tourbe très-pyriteuse. Telles sont celles de la commune de Beaurain, de Guiscart et Muyraucourt, de Fretoy, et de plusieurs autres lieux aux environs de Noyon.

Ces tourbes ne peuvent être considérées que comme un mauvais combustible.

Elles peuvent être traitées pour obtenir de la décomposition des pyrites, le sulfate de fer (couperose verte), et même le sulfate d'alumine (alun du commerce).

Elles sont susceptibles de s'enflammer spontanément, étant exposées à l'air en masses. On les emploie beaucoup pour l'agriculture, soit avant, soit après leur incinération.

Quelques vallées de ce département sont abondantes en tourbes. Les marais de Brelles et de Chaumont en offrent des couches d'une grande épaisseur. Si ces tourbes étaient d'assez bonne qualité, elles pourraient servir à la consommation de Paris, au moyen d'un canal projeté, en suivant la rivière de Troenne et l'Apte jusqu'à la Seine.

On exploite aussi des tourbières aux environs de Compiègne.

Ce combustible est d'autant plus précieux pour ce département, que le bois y est cher, et que dans l'état actuel de ses communications,

Numéros de la carte.

la houille ne peut y arriver qu'au moyen de longs trajets par terre, ce qui la porte à un très-haut prix.

Ce pays est un de ceux qui tireraient de grands avantages de l'exécution des canaux projetés pour la réunion de l'Escaut à la Somme et à l'Oise.

Département de l'Orne.

Il n'y a point de mine de houille exploitée dans ce pays.

Un assez grand nombre d'indices ont été annoncés; quelques-uns paraîtraient mériter d'être vérifiés, notamment l'indication des environs de Séez à Fontaineriaut, qui a déjà été l'objet de quelques travaux, et où l'ensemble des terrains peut faire concevoir l'espérance de rencontrer des couches de houille.

Ce département tire ce combustible des mines de Litry dans le Calvados.

Département de l'Ourthe.

33. Ce pays est un des plus riches de l'Europe en mines de houille, dont l'exploitation remonte à des tems très-reculés.

De nombreuses extractions se font autour de Liége, et jusques dans l'enceinte même de cette ville. Elles sont portées à de très-grandes profondeurs, et des machines puissantes sont appliquées à l'épuisement des eaux de ces vastes souterrains, et à l'enlèvement des minerais au jour.

Les produits connus sont portés à 43,500,000

myriagrammes. Ils s'élèveraient certainement beaucoup au-delà de cette quantité, et pourraient être portés bien plus haut si la consommation l'exigeait.

Ces mines fournissent des houilles de toutes espèces. Le prix moyen de celles de bonne qualité, est de 10 centimes le myriagramme sur la mine.

Les débouchés sont le cours de la Meuse, la République Batave, pour la consommation de laquelle on forme des entrepôts à Ruremonde et à Wenloo. La houille rendue dans ces villes, coûte 45 centimes le myriagramme.

Il se consomme aussi beaucoup de houille du pays de Liége, dans la Belgique. Le principal entrepôt est Louvain. Cette houille y coûte 50 centimes le myriagramme.

Enfin les nombreuses et très-actives fabrications de Liége et des environs, en emploient annuellement de grandes quantités. On s'en sert aussi généralement dans ce pays pour tous les usages domestiques.

On ne peut réfléchir sans peine à l'accroissement excessif du prix des houilles de ce département. Il est à peu-près doublé depuis huit à dix ans. Les principales causes qui paraissent y avoir influé, sont, 1°. l'augmentation du prix de la main-d'œuvre; 2°. la submersion et l'abandon de plusieurs exploitations; 3°. la cherté des transports par terre pour la Belgique, à raison du mauvais état des chemins.

Il y a lieu d'espérer que le prix de la main-d'œuvre baissera incessamment. La paix ramenera aux ateliers quantité d'individus que les réquisitions leur ont enlevé, et qu'il était impossible de remplacer par d'autres hommes également formés à ces travaux.

Quant à la submersion et l'abandon de plusieurs exploitations, ces malheurs sont la suite du défaut de surveillance dans les travaux. Cette surveillance doit être continuellement active dans ce département. Elle y est d'une nécessité indispensable et urgente pour l'intérêt public comme pour l'intérêt privé.

Il existait à Liége un tribunal auquel appartenait spécialement, non-seulement la juridiction, mais aussi une action administrative extrêmement utile pour la conservation des mines et l'ordre des travaux souterrains.

Le Préfet de l'Ourthe (le Cit. Demousseau) réclame depuis long-tems la présence d'ingénieurs des mines, pour assurer la marche administrative en cette partie. Son vœu et celui de tous les exploitans éclairés de ce pays, viennent enfin d'être satisfaits, autant qu'il est possible en ce moment. Depuis la distributiou faite par le Ministre de l'Intérieur, des ingénieurs qui peuvent être répartis dans les départemens, celui de l'Ourthe aura un ingénieur en chef, qui sera chargé aussi des départemens de la Roër, de la Meuse-Inférieure, et de Sambre-et-Meuse.

Il est à désirer que les circonstances permettent bientôt d'affecter au moins un ingénieur en chef et un ingénieur ordinaire pour le département de l'Ourthe, où un seul homme ne pourra suffire aux travaux.

La présence de ces ingénieurs concourra, avec l'activité des exploitans, à assurer des produits plus économiques, en combinant réciproquement leurs lumières, en donnant lieu à des travaux plus réguliers, en faisant ordonner, par l'Administration, les mesures conservatrices et d'intérêt général dont la nécessité est sentie dans ce département.

La troisième cause qui influe de la manière la plus sensible sur la cherté des houilles du pays de Liége, quand elles circulent dans la Belgique, sera sans doute bientôt anéantie par les soins du Gouvernement, c'est l'etat des routes. Le Conseiller d'État, le Cit. Cretet, chargé de cette partie importante du service public, a reconnu l'urgence des mesures à prendre pour l'amélioration des routes dans les départemens du nord. Ce Magistrat n'ignore pas de quelle grande importance sont les communications pour l'activité des établissemens et des fabriques de ces contrées pour notre commerce intérieur, et pour l'avantage direct du trésor public.

Les houillères du département de l'Ourthe doivent s'emparer du commerce de ce combustible pour fournir la Batavie, au moins en concurrence avec les mines d'Angleterre. Si la suppression des nombreux péages qui entravaient la navigation de la Meuse, est strictement maintenue, elle assurera cet avantage au pays de Liége : les exploitans feront sans doute les premiers sacrifices qui peuvent être nécessaires, et sur-tout ils donneront leurs soins à ce qu'il ne soit expédié, pour la Batavie, que des houilles de première qualité et sans mélange : à défaut de ce soin, leur commerce tomberait dans le discrédit, et les extracteurs anglais profiteraient de leurs fautes.

Numéros de la carte.

Département du Pas-de-Calais.

34\. Les mines de houille d'Hardinghen, situées à sept lieues nord-est du port de Boulogne, sont les principales houillères exploitées dans ce département. Elles ont été, pendant la guerre, l'objet d'une extraction fort active ; elle serait susceptible d'un plus grand accroissement, en appliquant à l'épuisement des eaux, et même à l'extraction du minerai des machines à vapeurs.

Plusieurs indications de houilles ont été annoncées aux environs de Boulogne. Différentes tentatives même ont été faites ; mais les recherches ont été abandonnées, plutôt vraisemblablement par le défaut de fonds pour les continuer, que par le peu d'espérance qu'elles avaient fait concevoir.

Les produits annuels des houillères de ce département sont de 6 à 900,000 myriagrammes.

La houille n'est pas généralemant aussi bonne que celle de première qualité des départemens du nord et de Jemmappes ; mais mêlée avec un peu de ces houilles, elle est d'un excellent usage pour la forge.

Elle se vend 8 centimes le myriagramme, rendue aux ports de Boulogne, Gravelines et Dunkerque.

Les lieux de consommation sont le Boulonais, le voisinage des côtes et des canaux, le département de la Somme.

Les moyens de débouchés sont une bonne route construite et entretenue par les exploitans, depuis les mines jusqu'auprès de Marquise, qui en est à deux lieues et demie, où elle atteint le grand chemin de Calais à Boulogne; le port de Boulogne, les canaux communiquant de Guines à Calais et Saint-Omer.

La vallée de la Canche, qui occupe la partie sud-ouest de ce département, est extrêmement abondante en tourbe de bonne qualité. Mais le tourbage s'y est fait pendant long-tems avec si peu d'ordre et de précaution, que cette vallée, qui pourrait offrir d'excellens pâturages, est couverte d'eau stagnante sur de grandes portions de sa surface, et que dans beaucoup d'autres, elle est devenue dangereuse à parcourir pour les hommes comme pour les bestiaux, à cause des trous à tourbe qu'on rencontre à chaque pas.

Le Préfet du département (le Cit. Mesmi) s'occupe, *avec un zèle constant*, d'arrêter les progrès du mal, et d'améliorer cet état de choses.

Il a été proposé, depuis long-tems, de rendre la Canche susceptible de porter bateaux jusqu'à Hezdin. Elle n'est aujourd'hui navigable que de Montreuil à la mer. L'utilité et la facilité d'exécution du projet dont je viens de parler, ont été reconnus. Le maréchal de Wauban avait fait commencer cette opération; et c'est à lui qu'on doit le bassin qui est sous Montreuil.

Il n'est pas douteux que la navigation de la Canche, prolongée de Montreuil jusqu'à Hezdin, ne soit extrêmement utile pour toutes les communes qui sont situées sur le bord de cette vallée, et pour les pays voisins. Les habitans n'ont cessé de demander avec instance l'exécution de cette entreprise. Elle serait très-peu dispendieuse en pratiquant un contre-canal au lit actuel de la rivière. Les tourbes extraites payeraient une grande partie de la dépense. On améliorerait sensiblement l'état de la vallée qui fournirait de bien grandes ressources en pâturages.

S'il était possible de réunir la Canche à la Scarpe, par le moyen de la Ternoise, cela procurerait une communication très-utile des départemens du nord à ceux du Pas-de-Calais et de la Somme. Et si cette jonction était impossible ou trop dispendieuse, au moins faudrait-il, ainsi que les habitans des bords de la Canche l'ont proposé, avoir un canal de navigation jusqu'à Saint-Pol.

Il est encore, relativement aux communications à ouvrir, à l'égard de la Canche, une considération que je crois devoir exposer ici.

Les terrains situés entre ce fleuve et l'Authie, le long de la mer, sont généralement bas. Ils offrent des marais ou des plaines de sable.

Il serait facile de pratiquer un canal de communication entre la Canche et l'Authie, et comme la jonction de cette rivière à la Somme serait aussi facilement praticable, on aurait ainsi un canal intérieur longeant la côte, qui serait d'autant plus précieux en tout tems, que le cabotage, le long de cette partie de la Manche, est pénible et dangereux, et dont le Gouvernement pourrait encore, en tems de guerre maritime, tirer un parti très-important.

Indépendamment de ces avantages, ces opérations fourniraient une grande quantité de tourbes qui entreraient eu compensation des

Numéros de la carte.

dépenses, et on aurait conquis pour l'agriculture une immense surface de terrain qui est aujourd'hui à l'état de marais fangeux et infectes.

Département du Puy-de-Dôme.

Les cantons de la Montgie, Brassac, Auzat- 35.
sur-Allier, situés au dessus d'Issoire, offrent plusieurs houillères importantes, très-anciennement exploitées, notamment celles de Salles, la Combelle et Barre. Celle dite du *Grosménil*, depuis long-tems abandonnée, à cause de l'affluence des eaux qui y avaient été introduites par une multitude de percemens à la surface, est reprise depuis quelques années, par une compagnie en état de surmonter ces obstacles. Il est probable que cette mine, qu'on assure recéler des *amas de houille* d'une très-grande puissance, va incessamment ajouter, d'une manière marquante, aux produits des autres mines de ce département.

Ces produits s'élèvent d'un million à 1,200,000 de myriagrammes par an.

La plupart des houilles extraites sont de bonne qualité.

Elles coûtent environ 15 centimes le myriagramme sur les mines.

Le cours de l'Allier, celui de la Loire, et les diverses communications de ce fleuve, sont les moyens de circulation des produits des mines de cette partie du Puy-de-Dôme.

Le prix moyen de ces houilles à Paris, est de 33 centimes le myriagramme.

Ces exploitations, comme celles de la Loire

et de la Haute-Loire, ont à souffrir de la rareté des bois dans les cantons qui les environnent.

On connaît encore des mines de houille aux environs de Montaigu, vers le nord de ce département; elles ne sont que très-peu exploitées, faute de débouchés.

Départemens des Pyrénées, (Hautes, Basses, Orientales.)

Ces trois départemens n'ont point d'exploitation de houille. Elles y seraient d'autant plus précieuses, que ce combustible pourrait être appliqué au traitement du fer et des autres substances métalliques, dont la chaîne des Pyrénées est si riche.

Des indications ont été annoncées dans le département des Pyrénées-Orientales, auprès de Prades, et dans les environs de Livia, dans celui des Basses-Pyrénées, à peu de distance de Salies; mais elles n'ont pas présenté jusqu'ici des espérances assez bien fondées.

Le département des Hautes-Pyrénées reçoit des houilles des mines de Carmeaux, département du Tarn. Elles y sont nécessairement à un prix fort élevé, à raison de la distance et des longs transports par terre.

Le département des Pyrénées-Orientales peut obtenir ce combustible minéral à meilleur compte, soit par la Méditerranée, soit par le canal des deux mers.

Le département des Basses-Pyrénées le reçoit par mer à Bayonne.

Départemens

Départemens du Haut-Rhin et du Bas-Rhin.

Numéros de la carte.

Les mines de houille qui sont exploitées dans ces deux départemens, ne sont pas d'une grande importance, ni par leurs produits, ni par leurs moyens de circulation. Néanmoins ces mines sont précieuses par les ressources qu'elles offrent aux cantons dans lesquels elles se trouvent. 37 et 38.

Ainsi les houillères de Sainte-Croix et de Rodern, dans le Haut-Rhin, fournissent à la consommation de la ville de Colmar et des pays voisins.

Celles de Charbes et la Laye, dans le Bas-Rhin, sont utiles à la manufacture d'armes de Klingenthal, où on est parvenu à fabriquer des damas qui le disputent en qualité et en beauté avec les lames de Syrie.

Les produits des houillères exploitées dans ces deux départemens, paraissent être de 200,000 myriagrammes environ par an. Ce qui est très-borné, comme on le voit. Le prix moyen est de 35 centimes le myriagramme.

On exploite dans le Bas-Rhin, à Lamperlosch, canton de Soultz, des couches de sable ou grès, contenant de l'asphalte. Cette substance bitumineuse est séparée, par des procédés particuliers, des matières terreuses qu'elle imprègne, et livrée au commerce. Elle est employée aux mêmes usages que le goudron; et on la mêle avec avantage aux graisses dont on enduit les tourillons des machines, les essieux des voitures, etc.

On exploite aussi à Soultz des couches analogues, et il s'y trouve même des couches de houille.

Auprès de Strasbourg, le Cit. Hecht, ex-élève des mines, a commencé et continue des recherches sur des amas d'un minéral très-bitumineux, qui lui donne l'espoir de parvenir à de la véritable houille.

On a rencontré fréquemment, dans ces deux départemens, des indices de sables bitumineux et de houille, mais jusqu'à présent il n'a pas été donné beaucoup de suite à ces découvertes.

Il y a lieu d'espérer que la présence d'un ingénieur des mines, dans cette contrée, ne tardera pas à déterminer des travaux utiles sur plusieurs points.

Département de Rhin-et-Moselle.

Plusieurs recherches ont été entamées dans ce département, dans l'espoir de rencontrer des couches de houille, notamment aux environs de Bonn et dans les communes de Kirn, Treizen et Godelsberg. Il ne paraît pas qu'il y ait encore d'exploitation en activité.

Les Citoyens Boley et Slohr se disposent à faire de nouvelles tentatives sur les territoires des communes d'Arrieuschwang et Daubach.

On saura ce qu'on doit attendre de ces diverses indications, quand elles auront été visitées par un homme en état de les apprécier; ce qui va avoir lieu d'après les mesures arrêtées par le Ministre de l'Intérieur, puisque des ingénieurs des mines sont fixés dans cette contrée pour la visiter, et rendre compte des ressources qu'elle peut présenter.

Le département de Rhin-et-Moselle consomme des houilles qui y sont versées des départemens de la Saarre et de la Roër ; mais il tire la majeure partie de sa consommation en ce genre, des mines qui sont situées sur la rive droite du Rhin. On estime qu'elles lui en fournissent annuellement environ 150,000 myriagrammes, et que cette importation est de la valeur de 111,380 francs.

Ces mêmes houillères de la rive droite, versent aussi sur la rive gauche, dans les départemens du Mont-Tonnerre, de la Saarre et de la Roër. La somme de ces importations, en y comprenant celle dont je viens de parler pour le département de Rhin-et-Moselle, est portée à 4,210,000 myriagrammes, qui coûteraient 747,696 fr.

Il est probable que la quotité de ces importations est exagérée ; mais toujours est-il certain qu'elle est assez considérable.

Il est étonnant que la France reçoive des houilles étrangères dans des départemens aussi voisins de mines abondantes de ce combustible, et qui en fournissent de bonne qualité, comme e la Saarre et la Roër.

Il paraît que ce qui donne de l'avantage aux produits des mines de la rive droite, c'est la facilité qu'ont ces exploitations de les transporter à très-peu de frais jusque sur le Rhin.

Il paraît aussi que les marchands qui colportent ces houilles étrangères, ont soin de propager et d'accréditer un préjugé défavorable

Numéros de la carte.

aux mines de la Saarre. Ils répandent que les houilles en sont extrêmement fétides, et même dangereuses pour les personnes qui s'en servent. Il est au contraire bien constant que les départemens de la Saarre et de la Roër, fournissent des houilles d'aussi bonne qualité que celles qui viennent de la rive droite, et que se conservant même en plus grosse masse que ces dernières, elles présentent plus d'avantage au commerce et au consommateur.

Lorsque je traiterai du département de la Saarre, il me sera facile de démontrer quelles immenses et précieuses ressources les mines de ce pays peuvent offrir pour long-tems aux habitans de ces contrées, et je parlerai des moyens qui peuvent être employés pour éviter des importations qui seraient jugées trop onéreuses.

Département du Rhône.

39. Des mines de houille sont connues en plusieurs lieux de ce département, sur-tout dans la partie qui touche au département de la Loire. On a fait des tentatives dans les cantons de Larbresle, de Vaugueray et de Courzieux, qui sembleraient mériter d'être suivies.

Des indications ont été annoncées aussi du côté de Saint-Laurent-de-Chamousset, et dans le canton de Tarare.

Enfin les houillères de Sainte-Foi-l'Argentière, qui sont reconnues susceptibles d'une exploitation avantageuse, et qui ont été concédées depuis long-tems, devraient concourir avec celles des cantons de Saint-Etienne et de Rives-de-Gier, département de la Loire, pour fournir à la consommation des fabriques des environs de Lyon, et aux besoins de cette grande commune. Numéros de la carte.

Cependant les mines de houille du département du Rhône, ne présentent en ce moment qu'un médiocre produit annuel de 50 à 60 mille myriagrammes. Ce sont les mines de la Loire qui alimentent le pays de ce combustible. A la vérité, le canal de Givors et le Rhône, leur présentent à cet égard de très-grands avantages.

Ce département peut encore recevoir, par la Saône, les houilles des mines de Blanzi et du Creuzot, département de Saône-et-Loire.

Département de la Roër.

Des mines de houille très-importantes sont connues à Eschweiller, Cornelins-Munster, Weisweiller, Bardenberg et Heyden. 40.

Les couches de Weisweiller sont réservées.

Les produits des autres houillères montent à environ 20,000,000 myriagrammes par an.

La qualité des houilles varie suivant les diverses veines ou couches dont elles proviennent. On connaît seulement à Eschweiller 40 veines successives et inférieures les unes aux autres.

Le prix moyen de ces houilles est sur les lieux de 11 centimes le myriagrame.

Les mines d'Eschweiller sont exploitées, depuis plusieurs années, avec beaucoup moins d'activité qu'elles ne pourraient l'être. L'état actuel des travaux d'exploitation, nécessiterait des réparations aux anciennes machines et galeries d'écoulement, et l'exécution de nouveaux moyens d'épuisement, qui permissent de porter

Numéros de la carte.

l'extraction à une plus grande profondeur. Ces mesures, qui sont déterminées depuis plus d'un an et demi, et qu'il était très-urgent de mettre à exécution, sont restées suspendues beaucoup trop long-tems pour des motifs qui n'auraient point dû apporter de retard à des travaux de cette espèce (1).

Les houillères du département de la Roër fournissent à la consommation du pays, et aux nombreuses fabriques de Stolberg et des environs. Elles concourent avec celles de Rolduc, département de la Meuse-Inférieure, pour alimenter Aix-la-Chapelle et ses fabriques, ainsi qu'une portion de ce département.

Ces mines devraient exclure de la rive gauche du Rhin les produits des houillères de la rive droite, qui y sont versés pour la consommation sur-tout des communes voisines du fleuve.

Le Gouvernement s'occupera sûrement avec efficacité des moyens de parvenir à ce but. Les plus certains seraient d'ordonner promptement l'exécution des mesures qui assureront aux mines d'Eschweiller une extraction très-abondante, et de faciliter les communications vers le Rhin.

Département de la Saarre.

41. Ce pays offre les plus belles mines de houille qui soient connues, les plus faciles à exploiter, et aussi les mieux exploitées pour la régularité et l'ordre des travaux.

---

(1) Les obstacles qui nuisaient à l'activité de ces mines viennent d'être levés.

Plusieurs extractions sont établies sur les territoires de plus de quinze communes différentes. Les principales sont Saint-Imbert, Dwtweiller, Sulsbach, Illing, Walscheidt, Gueisweiller, Busbach, Schwalbach, Wellesweiller, Schiffweiller, Breytenbach, Godelhausen, etc.

On estime le produit annuel de l'extraction, dans ce département, à environ 4,000,000 myriagrammes.

Cette quantité est probablement au-dessous de la réalité. Il est bien certain qu'elle pourrait facilement être quadruplée si les besoins l'exigeaient.

Les diverses mines de la Saarre offrent des houilles de toutes sortes de qualités. On y en trouve de très-bonnes pour la forge et les diverses fabrications de ferronnerie et de quincaillerie, d'autres qu'on emploie avec avantage et sans aucune incommodité pour le chauffage et les divers besoins domestiques. On se sert de ce combustible à Saarbruck, même pour la cuisson du pain, ce qui ne nuit point à sa bonté ni à sa blancheur.

Le prix moyen de la houille est de 8 à 10 centimes le myriagramme.

Les débouchés sont la consommation des nombreuses usines et manufactures de ce département; celles des départemens de la Moselle et de la Meurthe; les salines de ce dernier; la portion du département des Forêts qui avoisine la Saarre et la Moselle; enfin le département de Rhin-et-Moselle.

Les houilles de la rive droite du Rhin sont importées sur la rive gauche, dans les quatre départemens réunis, au détriment des mines de la Saarre et de la Roër, qui peuvent fournir bien au-delà de leurs besoins.

Les motifs qui font admettre de préférence à la rive gauche les houilles de la rive droite du Rhin, sont, 1°. leur prix inférieur; 2°. un préjugé accrédité par les colporteurs de ces houilles, qui tend à faire envisager celles de la Saarre comme mauvaises, incommodes pour l'usage, et même dangereuses.

Le préjugé disparaîtra bientôt, en faisant faire dans le pays même des expériences comparatives avec les houilles de la rive droite, qui démontreront les qualités respectives de ces combustibles minéraux. Ces expériences bien constatées et rendues publiques, ne laisseraient aucune inquiétude aux consommateurs qui s'empresseraient bientôt de faire usage de la houille de ce département.

Le premier motif de préférence, celui de l'infériorité du prix des houilles de la rive droite, est absolument déterminant pour le consommateur. Cette infériorité de prix tient à la proximité du Rhin, et à la facilité de l'arrivage de ces houilles sur le cours de ce fleuve. Il y a trois moyens de mettre les mines de la Saarre en état de contre-balancer cet avantage; c'est d'abord de faciliter les transports, et de les rendre le moins coûteux possible; en second lieu, de diminuer un peu le prix de la houille sur les mines; et enfin de mettre à l'importation des houilles de la rive droite, un droit proportionnel à la différence de prix qui resterait entre ces houilles et celles de la Saarre.

Il serait bon que le droit pesât sur-tout sur la houille de médiocre qualité ou menue, qui est à ce qu'il paraît, celle qu'on apporte en plus grande abondance, et qu'on a accoutumé les consommateurs à préférer, en rejetant la houille infiniment meilleure des mines de la rive gauche.

Je ne terminerai pas ce qui concerne le département de la Saarre, sans faire observer les avantages infinis que ce pays présente par le grand nombre de fabrications qui y sont en activité, et dont la majeure partie est due à l'abondance et à la variété des substances minérales que la nature y a déposées et accumulées.

A chaque pas des hauts fourneaux pour traiter les minerais de fer, des forges pour concentrer et affiner ce métal, attirent l'atenttion. Autour de ces grandes usines, d'autres ateliers secondaires sont en activité ; ce sont des platineries, *des ferblanteries*, des fabriques de différens objets de taillanderie ; plus loin, des verreries, des poteries, offrent une multitude de vases, de formes, et de couleurs variées ; en d'autres lieux, on fait cristalliser le sulfate de fer et l'alun, obtenus des couches schisteuses qui accompagnent les houilles ; d'un autre côté encore, on remarque des distillations en grand qui produisent ici l'ammoniaque, là le noir de fumée ; enfin des fabriques de bleu de Prusse, fournissent ces riches couleurs qui le disputent à l'azur du plus beau ciel.

L'observateur ne peut parcourir ces lieux sans éprouver cette sorte d'admiration qu'imprime l'aspect des grands établissemens industriels, et qui le porte à s'enorgueillir de l'intelligence humaine. Cependant, ce département offre encore un champ riche à de nouvelles en-

Numéros de la carte.

treprises. D'autres fabriques peuvent y être créées. Les mines de fer inépuisables, et la qualité des fers et des aciers qu'on en obtient, doivent déterminer à y fixer, avec certitude du succès, un genre de fabrication qui n'est pas encore assez perfectionné en France, celui des faulx, faucilles, etc. Le département de la Saarre réunit tout ce qu'il faut pour rivaliser à cet égard avec la Styrie. Enfin l'application de la houille au traîtement du fer en grand, est encore un objet de la plus grande importance, et qui doit être pratiqué dans ce pays plutôt que par-tout ailleurs.

Le Gouvernement a déjà fixé son attention d'une manière particulière sur cette contrée minéralogique. Il a arrêté qu'il y aurait aux forges de Geislautern une École pratique, spécialement destinée à l'étude du traitement des minerais de fer, au perfectionnement des divers procédés relatifs à ce métal, et à ses nombreuses modifications.

Département de Sambre-et-Meuse.

42. Il n'y a jusqu'ici qu'une seule houillère en exploitation dans ce département, au château de Namur. Cette mine est peu importante.

On a fait des recherches en différens autres lieux, notamment dans le canton de Florennes. Il ne paraît pas qu'elles aient eu de succès. Elles seront incessamment visitées par un ingénieur des mines, qui déterminera le degré d'espérances qu'on doit en concevoir.

Au reste, ce département est fourni de houille par la Sambre et par la Meuse, qui lui portent,

Numéros de la carte.

l'une, les produits des mines du département de Jemmappes, l'autre, eeux des mines du département de l'Ourthe, en remontant la Meuse.

Département de la Haute-Saône.

Les mines de Champagney et Ronchamps, canton de Lure, donnent lieu à des extractions de houille faciles et très-avantageuses. 43.

Les produits annuels, évalués à 800,000 myriagrammes, sont faiblement estimés.

La qualité de la houille est bonne.

Elle se vend environ 11 centimes le myriagramme.

On a annoncé des couches de houille en plusieurs autres endroits de ce département, à Faucogney, Saulnot, à Puessant, Châtouvillars, Gouhenans, etc. Quelques tentatives qui avaient été faites, n'ont pas continué d'être suivies. Ces objets sont donc à vérifier.

Les houilles du canton de Lure peuvent être consommées dans le département de la Haute-Saône, dans une partie de ceux du Doubs, du Haut-Rhin, et dans le pays de Mülhausen, jusqu'au Neubrisach et sur le Rhin.

Département de Saône-et-Loire.

On exploite des mines de houille en différens cantons de ce département. Les principales sont celles de Blanzy et du Creusot, près Montcenis, celles de Saint-Berain, canton du même nom, et de Resille, commune d'Épinac. 44.

Les produits annuels des extractions qui se font dans ces derniers lieux, sont d'environ 3,000,000 myriagrammes.

Il y a des houilles de première et de diverses qualités.

Les prix varient de 8 à 12 centimes le myriagramme.

Ces houilles sont consommées aux fonderies du Creusot, aux verreries de Saint-Berain et d'Épinac, ainsi qu'à l'arsenal d'Autun, et aux différentes autres fabriques du pays.

Ces mines, celles de Blanzy, sur-tout, qui sont voisines du canal de Charolois, profitent du très-grand avantage de la communication par le canal de la Loire à la Saône, ce qui facilite et étend considérablement leurs moyens de débouchés.

Une concession est sur le point d'être accordée pour une mine de houille anciennement connue, mais qui n'était pas exploitée. Elle est située commune de Morillon, canton de Bourbon-Lanci. On a lieu d'espérer des talens du Cit. Ramus, qui la demande, que cette entreprise fournira de nouvelles ressources à la consommation.

A la Chapelle-sous-d'Hun, canton de la Clayette, le Cit. Tranchant a commencé des recherches qui paraissent mériter d'être suivies. Il a obtenu du Gouvernement une permission provisoire pour la continuation de ses travaux.

Le Cit. Lasie s'est porté aussi avec zèle à des recherches qu'il continue auprès de Mussy-sous-d'Hun.

Il paraît y avoir encore à Igornay, canton de Cordesse, des indications qui méritent quelqu'intérêt.

Enfin, on a trouvé d'autres indices assez nombreux dans plusieurs endroits de ce département, et des bois fossiles bitumineux.

Ce pays mériterait un examen attentif à bien des égards, sous le point de vue minéralogique. L'ingénieur des mines Champeaux, est actuellement chargé de le visiter, et de faire connaître les richesses qu'il renferme.

Département de la Sarthe.

Ce département n'a point d'exploitation de houille ; il obtient ce combustible du département de la Mayenne-et-Loire, en remontant le cours de la Sarthe et celui du Loir. La première de ces rivières porte bateau jusqu'au Mans, la seconde jusqu'à Château-du-Loir.

Il pourrait encore en recevoir des mines de Litry, dans le Calvados, si la communication de l'Orne et de la Sarthe était établie.

Départemens de la Seine, Seine-et-Oise, Seine-et-Marne.

La découverte d'une mine de houille, dans ces départemens, eût été d'une grande importance, à cause de leur très-nombreuse population, de la grande quantité de fabriques qui y sont en activité, et de l'immense consommation de combustibles qui s'y fait.

Aussi les recherches et les prétendues découvertes de mines de ce genre, ont-elles été souvent l'objet de dépenses considérables.

Les sociétés qui se forment à Paris, pour fournir à ces dépenses, sont le plus souvent composées de deux sortes de spéculateurs. Les uns, sont mus par la louable intention d'employer leurs capitaux à une découverte avantageuse pour eux et d'une utilité générale ; les autres, qui ont stimulé les premiers, et qui les entraînent à ces entreprises ordinairement très-hasardées, spéculent sur la bourse des capitalistes ; ils ont soin de tenir ceux-ci écartés des hommes instruits qui pourraient les éclairer. A entendre ces charlatans, la découverte est toujours indubitable, et le plus pressant est, ou de leur donner de l'argent d'avance, sur les produits à venir, ou de composer une administration dispendieuse et à leur profit.

Ce qui a donné lieu aux travaux de recherches les moins mal fondées, du moins en apparence, dans ces départemens, ce sont des bancs assez épais d'une sorte de tourbe, ou plutôt de bois fossile très-pyriteux, entremêlé de sable et de petites coquilles fluviatiles ; il s'en est rencontré, notamment à Luzarches, à Nanterre, aux environs du Mont-Valérien, à Montesson, à Franconville, aux environs de Mantes, à Martin-la-Garenne, et dans plusieurs autres lieux ; mais après avoir traversé ces bancs, on ne retrouvait que les couches calcaires qui constituent en général le bassin de la Seine : et je n'ai pas connaissance qu'on y ait véritablement rencontré jusqu'ici aucune indication de houille bien caractérisée (1).

(1) Mon collègue, le Cit. Gillet-Laumont, vient de donner dans les *Mémoires de la Société d'Agriculture* du département de la Seine, une description minéralogique de ce département. Il se propose de donner des descriptions analogues des départemens de Seine-et-Oise et Seine-et-Marne, dans lesquelles on lira sûrement avec intérêt ce qui a rapport aux recherches de houille qui ont eu lieu, et à leur résultat.

Ces départemens consomment les houilles qui sont apportées de la Loire et de l'Allier par le canal de Briare, sur le cours de la Seine.

Les frais de transport sont très-considérables. Ils se composent du prix des bateaux, de quelques droits qui sont perçus sur les rivières et sur le canal, et enfin du salaire des conducteurs. Les bois pour la construction des bateaux deviennent fort rares auprès des mines de la Haute-Loire et de l'Allier. Ces bateaux ne servent qu'à un seul voyage. Ils sont démontés à Paris. Il serait bien utile, pour la consommation de cette commune, de faciliter la communication des mines et des ports de la Haute-Loire et de l'Allier, avec des forêts qui n'en sont pas à une très-grande distance, et qui, dit-on, manquent de débouchés. Plusieurs projets ont été présentés pour effectuer ces communications, qui ne seraient point très-coûteuses, et dont les résultats seraient doublement avantageux, sous le point de vue de l'augmentation de valeur de ces bois, et de la diminutiou du prix de transport des houilles.

Les droits qui se perçoivent en divers lieux sur les rivières, ne devraient-ils pas être supprimés à l'égard des houilles ? Quant aux canaux, cela est différent, il faut nécessairement pourvoir à leur entretien, au moyen des péages.

Le prix de conduite des bateaux, qui s'est beaucoup élevé depuis quelques années, baissera sans doute après quelque tems de paix, parce que les bras seront moins rares.

Il me semble bien intéressant de porter toutes ses vues sur les moyens de diminuer le prix d'une matière première, aussi précieuse pour nous, que le combustible minéral dont nous nous occupons.

Le prix des transports est d'une telle influence à Paris, sur la valeur de la houille, que la voie qui se vendra, par exemple, 60 francs, en aura quelquefois coûté 50 de transport depuis la Haute-Loire.

Les mines de Décise, département de la Nièvre, concourent aussi à l'approvisionnement de Paris. Elles auraient, par leur position sur le bord de la Loire, et à peu de distance du canal de Briare, un grand avantage sur celles de la Haute-Loire et de l'Allier, si leurs produits étaient d'aussi bonne qualité.

Le prix des houilles varie à Paris de 40 à 70 francs la voie, ce qui revient à 30 à 50 centimes environ le myriagramme.

Les canaux projetés dans le nord, pour la communication de l'Escaut, ou de la Sambre à l'Oise, donneraient des débouchés bien utiles aux départemens de cette partie de la France.

Les mines de houille des départemens de Jemmappes et du Nord, verseraient une partie de leurs produits sur Paris et les départemens de l'intérieur. Ce combustible, qui y serait répandu à bon compte, non-seulement donnerait le tems à nos forêts de recroître, mais on pourrait alors aussi créer, dans les départemens de Seine, Seine-et-Oise, Seine-et-Marne, de nombreuses fabrications, qu'on ne saurait y entreprendre actuellement à défaut de ce combustible.

On a reconnu dans la vallée d'Essonne, département de Seine-et-Oise, des lits de tourbes très-abondans, du côté de Mennecy, et jusqu'au-delà

delà de la Ferté-Aleps. Il y a de ces tourbes qui sont de très-bonne qualité. Elles sont exploitées et consommées dans le pays; on en avait fait un objet de spéculation pour fournir à la consommation de Paris, soit à l'état brut, soit à celui de tourbe charbonisée.

Un canal projeté et commencé, dans la vallée d'Essonne, aurait transporté ces tourbes, et les autres productions de cette vallée, jusque dans la Seine, au-dessous d'Essonne; mais ce canal n'est pas terminé, et le transport des tourbes du lieu d'extraction à la Seine, d'une part, élève déjà trop leur prix, de l'autre, le mouvement de la voiture, les chargemens et déchargemens pour être embarquées sur la Seine, en réduisent une quantité considérable en poussière; de sorte que la tourbe à l'état de vente, est à un prix trop élevé pour déterminer le consommateur à faire emploi de ce combustible dans les circonstances actuelles.

Département de la Seine-Inférieure.

Il n'y a pas de houillères en exploitation dans ce département. On ne rencontre dans la partie du bassin de la Seine, qui y est comprise, que quelques amas ou lits de bois fossiles pyriteux, et quelques petites vallées tourbeuses.

On travaille, depuis quatre à cinq années, dans le canton d'Arques, auprès de Dieppe, à des recherches de mines de houille, qui sont suivies avec une constance et un zèle dignes d'un meilleur succès. Elles ont traversé, jusqu'à 170 mètres de profondeur, des couches de craie à bandes de silex, et des amas d'argile dans laquelle on trouve des pyrites et de légères portions de bois fossiles bitumineux.

Ces recherches sont dirigées par le Cit. Castiaux, ancien exploitant Belge, qui a porté dans l'exécution de ces travaux toute l'intelligence et les ressources d'un praticien exercé. Le puits qu'il a fait approfondir et cuveler, est un modèle de boisage.

Ce département est approvisionné des houilles de la Loire qui descendent la Seine, ou des départemens du nord par ses ports de mer.

Département des Deux-Sèvres.

Point de houilles exploitées ; mais ce département est très-peu connu sous l'aspect minéralogique. Il va l'être mieux, d'après la mesure arrêtée par le Ministre de l'Intérieur, pour la résidence d'un ingénieur des mines.

Les houillères du département de la Mayenne-et-Loire peuvent parvenir dans sa partie septentrionale ; la partie méridionale peut tirer ce combustible des ports de mer, par la navigation de la Sèvres jusqu'à Niort.

Département de la Somme.

Le préjugé, assez généralement répandu dans les départemens du nord, que les différentes couches de houille, connues et exploitées dans les pays arrosés par l'Ourthe, la Meuse, la Sambre et l'Escaut, doivent se prolonger vers l'ouest, suivant une direction qui incline au sud, a fait entreprendre souvent, dans le département de la Somme, des tentatives assez dispendieuses, sans aucune autre donnée plus positive.

C'est d'après ces idées, qu'on a fait à Bouquemaison, près Lucheux, aux environs de Dourlens, un puits de plus de 40 mètres de profondeur.

Il n'est résulté de cette tentative qu'une vaine dépense ; en effet, il n'y avait à Bouquemaison aucune indication qui pût raisonnablement y déterminer des recherches.

C'est d'après des préventions de ce genre, qu'on voulait engager le ci-devant comte de Soyecourt, à faire des dépenses pour la découverte de mines de charbon dans sa terre d'Ytres, près Péronne ; mais il s'adressa au Gouvernement pour que ces prétendues indications fussent vérifiées. J'y fus envoyé, et je ne trouvai dans ce pays rien qui dût faire présumer la présence d'une mine de houille.

On a annoncé aussi, près l'embouchure de l'Authie, à Colline, une mine de houille, dont le ci-devant comte d'Houdant, propriétaire de cette terre, avait demandé la concession. L'existence de la mine n'était cependant point encore constatée. Il paraît qu'à la suite d'une petite fouille, et à environ 3 à 4 mètres de profondeur, on avait coupé une légère couche d'un fossile combustible et très-pyriteux. Ce pourrait être une tourbe pyriteuse, ou un amas de portions de bois bitumineux, comprimé entre les couches coquillières qui constituent le Mont-Colline, comme les bancs de bois fossile pyriteux qu'on rencontre dans le bassin de la Seine.

On n'a pas donné dans le tems plus de suite

à cette recherche. J'ai été chargé depuis de visiter les lieux ; mais il n'y avait plus de traces sur le terrain, ni de la tranchée qui avait été faite, ni des substances qu'on disait en avoir été extraites. Le *Grismont* ou *Mont-Colline* ne m'a offert autre chose qu'une croupe peu élevée, composée de bancs coquilliers à coquilles entières, qui forment un lumakelle susceptible de recevoir le poli. Ce qu'il y a de remarquable, à l'égard de ce *Grismont*, c'est qu'il est le seul terrain ainsi constitué que j'aie observé dans ce pays. Les plaines voisines et les côtes ne présentent que des couches crayeuses à bandes de silex ; mais le Grismont se rapproche beaucoup, par sa nature, des couches coquillières qu'on rencontre plus au nord, aux environs de Boulogne-sur-Mer.

Le département de la Somme n'a donc point de mines de houille exploitées ; mais un autre combustible fossile y est abondant. La vallée de Somme, celles de l'Authie et de la Maye, ainsi que la plupart des petites vallées qui y affluent, offrent des lits de tourbe plus ou moins épais, et de diverses qualités. Les marais qui bordent la Somme en fournissent abondamment de très-bonne.

Ce combustible est d'une ressource bien précieuse dans ce pays, où généralement le bois est déjà très-cher. On y emploie la tourbe à tous les usages domestiques. On s'en sert aussi pour la cuisson des briques et de la chaux.

Il est malheureux que le mauvais mode de tourbage, usité dans la plupart de ces vallées, ait donné lieu à une multitude de coupures établies sans ordre, et qui ont formé des abîmes et des cloaques infectes, également dangereux pour les animaux qui s'y noient, et pour les habitans des communes voisines de ces vallées, par les émanations funestes qui s'élèvent de ces eaux croupissantes.

Le Préfet de ce département s'occupe, conformément à l'instruction du Ministre de l'Intérieur, des moyens d'amener un meilleur mode de tourbage, qui étant ordonné en grand par rapport aux circonstances locales, permettra l'écoulement des eaux, l'attérissement des entailles, et ramenera à l'état de bonnes prairies, ces immenses étendues de terrain aujourd'hui à peu-près perdues pour l'agriculture.

Le département de la Somme reçoit des houilles du département du Nord. Mais quoique peu éloigné de Valencienne et des mines d'Anzin, les frais de transport par terre y élèvent déjà beaucoup le prix de ce combustible.

Ce département est un de ceux qui obtiendraient, à cet égard, de grands avantages de l'exécution du projet de communication de l'Escaut à la Somme et à l'Oise sur-tout en rendant la Somme navigable de Ham jusqu'à Amiens, ce qui est facile.

On avait aussi conçu le projet d'améliorer la navigation de ce fleuve depuis Amiens jusqu'à la mer. Le lit actuel de la Somme est souvent embarrassé par des vases et des sables qui retardent les transports.

On avait proposé un contre-canal à la Somme, et on a hésité long-tems entre deux projets; l'un, qui faisant passer ce canal à la rive droite, aboutissait à l'ancien port du Crotoi. Il présentait l'avantage de la réunion des eaux

Numéros de la carte.

de la rivière de Maye, et de l'établissement d'une communication facile avec l'Authie et avec la Canche. Il en serait résulté le desséchement d'une immense quantité de terrains précieux pour l'agriculture. On aurait vivifié et assaini une grande étendue de pays, connu sous le nom de *Marquenterre*, qui est aujourd'hui sous les eaux pendant une partie de l'année, et encore très-marécageux dans la plus belle saison. Ce projet rattachait le département de la Somme à ce système de navigation intérieure, le long des côtes de la Manche, dont j'ai parlé en traitant du département du Pas-de-Calais; communication facile, peu dispendieuse à établir, et qui indépendamment de son utilité pour ces départemens, deviendrait très-précieuse au Gouvernement et au commerce en cas de guerre maritime.

L'autre projet, qui portait le canal à la rive gauche de la Somme, devait aboutir au port de Saint-Waleri. C'était à ce dernier qu'on s'était fixé. L'exécution en a été commencée, mais elle a été suspendue, et ces travaux sont abandonnés depuis plusieurs années.

Département du Tarn.

45. Ce département offre de la houille en plusieurs lieux. Les mines de Carmeaux, près Alby, sont celles dont l'exploitation est la plus considérable et la mieux conduite.

Il y a d'autres houillères à Brugnères, à la Jonquères, près Lavaur, du côté de Castres.

On extrait encore ce combustible aux environs de la Caune, à Lignière et à Saint-Gervais. On en a aussi obtenu dans la commune de Réalmont.

Enfin, on a fait des recherches dans l'étendue de la commune de Campes, près de Cordes, qui semblaient promettre quelques succès, à raison de la nature des terrains; mais le peu de puissance des couches qu'on a rencontrées, n'a pas encouragé à continuer.

En 1780, il avait été accordé au propriétaire des terres d'Hautpoult, Févenes, Cassagnol et Ventajou, une permission provisoire d'un an, pour continuer des tentatives faites dans ces territoires, dans lesquels il avait été trouvé de la houille. On ne voit pas que personne depuis se soit occupé de la suite de ces travaux.

Les produits des houillères exploitées, du département du Tarn, s'élèvent par an, à environ 600,000 myriagrammes.

Il y a des houilles de diverses qualités. Celles des mines de Carmeaux sont très-estimées. Elles se vendent sur la mine à-peu-près 15 centimes le myriagramme.

En général, la difficulté des débouchés ralentit, dans ce département, l'activité des recherches, malgré que plusieurs semblent devoir être fructueuses. Elle influe d'une manière analogue sur l'exploitation des couches abondantes de houille qui y sont reconnues.

Par exemple, les houillères de Carmeaux, dont les produits sont déjà considérables, pourraient fournir trois ou quatre fois autant qu'elles le font; mais la difficulté des transports, et l'élevation de prix qui s'ensuit, resserrent la consommation, et sont des obstacles à un plus grand débit de ces houilles, qu'il serait si utile de répandre à bon compte dans plusieurs départemens voisins, où les combustibles sont extrêmement rares.

La rivière du Tarn, qui n'est actuellement navigable qu'à Gaillac, pourrait le devenir jusqu'à Milhau, département de l'Aveyron ; ce qui produirait pour ce pays des communications extrêmement utiles ; au moins cette navigation devrait avoir lieu promptement, et elle n'exigerait pas de fortes dépenses, depuis Alby jusqu'à Gaillac ; il en résulterait de grands avantages pour le débouché des houilles de Carmeaux. Elles pourraient alors circuler à bien meilleur compte dans les pays voisins du Tarn et de la Garonne, jusque sur le canal des Deux-Mers, et soutenir à Bordeaux la concurrence avec les houilles qui y sont apportées par mer. Mais dans l'état actuel des choses, les frais de transports, jusqu'à Gaillac, sont si considérables, que les houilles de Carmeaux, qui ne coûtent sur la mine que 15 centimes le myriagramme, ne peuvent pas être vendues à Bordeaux à moins de 40 à 45 centimes.

Il est plusieurs autres moyens de circulation importans, soit à créer, soit à réparer, dans le département du Tarn. Le Préfet, le Cit. la Marcq, les a présentés dans sa *Statistique* avec clarté, et a mis en évidence les avantages qui en résulteraient.

Le Cit. Solages, concessionnaire des mines de Carmeaux, qui s'occupe avec un zèle éclairé, de porter dans la confection des moyens de navigation intérieure, l'économie qui doit en amener la plus prompte et la plus sûre exécution, possède sans doute des renseignemens précieux sur ceux de ces moyens qui pourraient être appliqués au département du Tarn, avec le plus d'avantage, et on ne peut pas douter qu'il ne soit empressé d'en faire jouir cette contrée le plutôt possible.

Département du Var.

A en juger par le peu de renseignemens ob- 46.
tenus jusqu'ici sur ce pays, il est à présumer qu'il renferme des productions minérales intéressantes. On doit au Cit. Pontier, amateur zélé de minéralogie, des détails précieux sur plusieurs parties de ce département. C'est lui qui y a découvert le chromate de fer. On peut voir, dans le *Journal des Mines*, plusieurs Mémoires de ce savant, et notamment la *Description du gisement de cette substance*. Plusieurs nouvelles fabriques ont été créées dans ce pays, d'après la connaissance qu'il a donnée des substances minérales qui s'y trouvent, et qui étaient ignorées des habitans.

Un petit nombre de mines de houille y sont en exploitation, notamment aux lieux de Calliau et de la Cadière, dans l'arrondissement de Toulon.

Les produits connus sont d'environ 60,000 myriagrammes.

Des indications sont annoncées à Revert, aux environs de Frejus, du côté de Calas, près Draguignan, et à Saint-Paul du-Var.

Il est vraisemblable que des recherches ultérieures, et suivies avec intelligence, produiraient des résultats avantageux. C'est d'après

Numéros de la carte.

ces motifs que le Conseil des mines a proposé l'envoi d'un ingénieur dans le département du Var.

Les mines de houille qui y sont exploitées, et celles qui pourront l'être par la suite, auraient, indépendamment de la consommation dans le pays et pour les travaux du port de Toulon, la facilité de verser leurs produits sur les différens points de la Méditerranée, où ce combustible est désiré.

Département de Vaucluse.

47. On extrait de la houille sur le territoire des communes de Methamis, de Piolen, de Mormoiron, et dans quelques autres lieux de ce département.

Ces houilles sont de qualité médiocre ; on les emploie sur les lieux à la cuisson du plâtre et de la chaux, et dans quelques fabriques des environs. Le Préfet du département, le Citoyen Pelet, a fixé l'attention du Gouvernement sur l'utilité de faciliter les moyens de débouchés, en améliorant les routes autour de ces mines.

L'exploitation en est très-défectueuse. Elle ne pourra être améliorée que quand une consommation plus grande sera assurée par des communications plus faciles.

Ce département peut être fourni de bonnes houilles, par les mines abondantes du département de la Loire, dont les produits descendent par le Rhône. Il peut encore recevoir les houilles de l'Ardèche.

Département de la Vendée.

On connaît des indices de houille dans la paroisse d'Antigné, près Fontenay, à la Châteigneraye et à Vouvant; mais il ne paraît pas qu'il y ait encore dans ce département d'exploitation de ce genre qui mérite d'être citée.

La houille peut y être apportée, soit des mines de Saint-Georges-Châteloison, et de celles voisines, département de la Mayenne-et-Loire, soit des autres mines dont les produits circulent par la Loire, en remontant la Sèvre-Nantaise, soit enfin celles qui sont apportées par mer sur la côte ouest. En général ce pays est très-peu connu, quant aux substances minérales qu'il renferme, et le peu d'observations qu'on possède, fait désirer qu'il le soit davantage sous ce point de vue.

Ce département est un de ceux qui vont être visités par un ingénieur des mines, d'après les mesures qui ont été adoptées par le Ministre de l'Intérieur Chaptal.

Départemens de la Vienne et Haute-Vienne.

Il n'y a pas de mines de houille exploitées dans ces départemens.

On a annoncé dans celui de la Vienne, une indication sur le territoire de la commune de Croutelle, près de Poitiers.

Il est à désirer qu'on se détermine à faire en ce lieu la dépense d'un sondage. La découverte d'une mine de houille, ou même d'un combustible de qualité plus médiocre, comme du bois fossile bitumineux, en grande masse, serait infiniment utile dans ce pays.

Si la navigation de la Vienne était rendue praticable, beaucoup plus haut que Châtelleraut, ce qui paraît n'être pas d'une grande difficulté, alors les houilles qui sont embarquées sur la Loire, pourraient être remontées dans le département de la Vienne, et elles seraient transmises dans la partie du département de la Haute-Vienne, qui ne peut pas recevoir les produits des houillères des environs de Bourganeuf et de Gueret, département de la Creuse.

D'un autre côté, la communication plus courte vers la mer, qu'on a projeté d'opérer par la réunion du Clain à la Sèvre-Nantaise, serait encore d'un très-grand avantage pour toute cette contrée.

Département des Vosges.

On a annoncé dans ce département plusieurs indications de houille. Il y a même eu des permissions provisoires accordées pour procéder à l'ouverture de mines de cette nature, à Calroy, arrondissement de Saint-Dié, et à Valdajol, près de Plombières.

On en a indiqué encore à Antrey, à Brune-Neuilly, à Gemingott, et près de Mirecourt. Mais jusqu'à présent il n'y a aucune extraction suivie de ce combustible.

Dans l'état actuel des choses, le département des Vosges reçoit ce combustible par terrre, des mines de Saint-Hippolite et Rodern, département du Haut-Rhin.

Département de l'Yonne.

Il n'y a point de mines de houille exploitées dans ce département. On avait annoncé, en l'an 4, comme une mine reconnue, de prétendues indications, qui, vérification faite, n'ont point mérité d'être suivies.

En 1779, il fut fait, sous la direction de Chargrasse, avocat à Avallon, des travaux de recherches considérables à Vassy, près Sauvigny. Elles consistaient en un puits de 340 pieds, au moyen duquel on a traversé des couches schisteuses et des bancs coquilliers. Les couches schisteuses contenaient des venules de houille, des impressions de plantes, et des pyrites. On trouva dans les derniers bancs des portions de sulfure de plomb, qui y étaient disséminées. Il paraît que l'affluence des eaux, à cette profondeur, aurait exigé des dépenses qu'on ne voulut point faire : on abandonna.

En 1786, et depuis, M. Bertier, alors Intendant de Paris, fit faire aussi des recherches dans les terres qui lui appartenaient, aux environs d'Avallon. Une légère tentative, qui eut lieu à Genouilly, semblait annoncer quelques indices favorables.

Il serait utile, sans doute, de s'occuper de nouvelles recherches dans ces cantons ; mais je ne conseillerais pas de commencer, comme on l'a fait, à Vassy, par un percement aussi dispendieux. Il faut apporter plus d'économie et de prudence dans ces entreprises, et quand les circonstances locales ne permettent pas d'avoir une opinion assez assurée sur la constitution et l'ordre des terrains, c'est par des sondages seulement qu'il faut tâcher d'acquérir cette connaissance.

Ce département peut recevoir des houilles qui viennent de la Loire par le canal de Briare, en leur faisant remonter l'Yonne. Cette rivière porte bateau jusqu'à Clamecy. Elle deviendrait un moyen de communication bien plus commode et plus utile, si le canal projeté pour la jonction de la Loire à l'Yonne, entre Cône et Clamecy, était exécuté.

Nota. Les noms des départemens qui contiennent des mines de houille, sont indiqués dans le tableau qu'on trouvera sur la car[illegible] ci-jointe.

RÉFLEXIONS GÉNÉRALES.

Il résulte des renseignemens qui viennent d'être présentés, sur les mines de houille de la France, que des exploitations de ce genre ont lieu aujourd'hui dans 47 de nos départemens, et que 16 autres offrent encore l'espoir d'y découvrir ce combustible minéral.

Produits des mines de houille.

Sur les 47 départemens, dans lesquels il y a des mines de houille exploitées, il en est 13 dont la quotité des produits n'est pas assez bien connue, au moment de l'impression de cet ouvrage, pour y être annoncée; ce n'est donc que l'aperçu des produits dans 34 départemens seulement, dont j'offrirai d'abord ici le résultat. Il donne 388,095,000 myriagrammes (77,600,000 quintaux environ).

Il est à remarquer que cette somme des produits connus est plutôt au-dessous de la vérité que trop élevée.

On doit observer aussi que la plupart des exploitations, et notamment les plus importantes, ayant essuyé des pertes plus ou moins considérables, et ayant éprouvé des entraves de diverses espèces pendant les dix ou douze années qui viennent de s'écouler, elles ne sont pas encore reportées aujourd'hui à l'état d'activité dont elles sont susceptibles. D'ailleurs, la consommation des houilles en France n'est pas, à beaucoup près, non plus ce qu'elle deviendra probablemeut d'ici à quelques années, sous un Gouvernement essentiellement protecteur des arts; mais cette consommation quadruplerait, que nos houillères seraient en état de suffire et de fournir ainsi à nos besoins pendant bien des siècles.

Il est difficile de faire une estimation même approchée pour les 13 départemens dont les produits n'ont pu être indiqués; cependant il est constant qu'on y exploite des mines de houille. En ne prenant pour la somme de leurs produits que le vingtième de celle énoncée pour les 34 autres départemens, on ne craindra pas sans doute d'avoir une évaluation trop forte, d'après cette supposition; on extrairait dans ces 13 départemens 19,404,750 myr. (3,880,000 quintaux), et on aurait pour aperçu de la totalité des produits de nos mines, pendant une année, la quantité de 407,499,750 myr. (81,700,000 quintaux environ).

Ces produits considérés sous le rapport pécuniaire.

Si on considère ces produits sous le rapport pécuniaire, on peut évaluer à 8 centimes le myriagramme de houille livré au lieu de l'extraction. Le prix moyen, si l'on avait égard à l'ensemble des exploitations, seroit de 10 centimes environ ; mais celui de 8 centimes est la valeur à laquelle ce combustible est vendu sur les mines principales, et qui fournissent le plus abondamment.

Suivant cette estimation, qui n'est certainement pas forcée, on voit que nos mines émettent, dans leur état actuel, pour une somme de 32,280,000 fr. de cette matière première.

Sous le rapport économique.

Sous le rapport économique, les produits des houillères présentent des avantages de la première importance. On sait que l'emploi de ce combustible est d'une nécessité indispensable dans presque tous les arts. Les opérations métallurgiques, les salines, les verreries, les fabriques de poteries, les fours à chaux, les brasseries, teintureries, etc., en exigent de très-grandes quantités, et les besoins domestiques ajoutent encore à cette somme déjà énorme de consommation.

D'après les expériences de MM. Lavoisier et Kirwan, et d'après celles qui ont été faites il y a deux ans, par les ingénieurs des mines, pour comparer les effets de divers combustibles, on peut estimer que pour vaporiser une même quantité d'eau, il faut employer en poids 100 de houille, 100 de charbon de bois, et 184 de bois.

Le Cit. Hassenfratz, qui a considéré cet objet sous le point de vue des principales opérations de la métallurgie et des verreries, a trouvé que les quantités employées de houille

et

et de bois, sont dans les rapports suivans; savoir :

Fondage des minerais de fer dans les hauts fourneaux. . . . . :: 100 : 254

Des minerais de cuivre au fourneau à manche. . . . . :: 100 : 270

Pour la fonte de canons dans les fours à réverbère. . :: 100 : 300

Pour les verreries. . . . . :: 100 : 300

On peut avoir un aperçu de cette comparaison exprimée, par rapport aux volumes et aux valeurs numériques, de la manière qui suit.

Les 82 millions de quintaux de houille équivalent à 3,240,000 banes de charbon de bois du poids de 2,500 livres chaque. Il faudroit pour obtenir cette quantité, 13,000,000 cordes de bois (1), lesquelles seraient le produit de 360,000 arpens (anciens), taillis de bonne sorte. D'après ce calcul, on voit qu'on serait obligé d'ajouter à nos consommations actuelles, l'exploitation de 360,000 arpens de bois taillis pour remplacer les produits de nos houillères.

Mais les 13,000,000 cordes de bois, estimées seulement à 8 francs l'une, auraient une valeur de 104,000,000 francs.

Ainsi, indépendamment de la conservation effective des bois, objet si intéressant en France, on voit quel autre avantage économique nous procure l'exploitation de nos mines de houille, puisqu'il faudrait dépenser plus que trois fois le prix de leurs produits, pour opérer les mêmes effets avec le charbon de bois.

(1) Corde de quatre pieds sur huit.

On objectera peut-être qu'une portion de la consommation se ferait à l'état de bois non charbonné, notamment pour les usages domestiques ; et qu'il n'y aurait pas sur cette partie une aussi grande différence à l'avantage de la houille. Cela est vrai ; mais la dépense en houille, pour les usages domestiques, est très-peu de chose en proportion de la consommation des usines qui emploient ce combustible, et ne pourraient le remplacer que par du bois charbonné. Quand on diminuerait, en faveur de l'objection, un sixième sur les bénéfices que présente l'emploi de nos houilles, ce serait beaucoup : et quelle immense économie il reste encore !

Sous le rapport politique.

L'exploitation des mines de houille offre encore, sous le point de vue politique, des considérations qui méritent de fixer l'attention. Plus de 60 mille individus sont directement employés à ces travaux, dans leur état actuel d'activité, qui est susceptible d'une grande augmentation. De nombreuses familles tirent donc leurs moyens d'existence de ces entreprises. Elles concourent ainsi à l'accroissement de la population, font prospérer l'agriculture, et versent dans le commerce, indépendamment de la matière première si utile qu'elles y émettent, sept à huit millions au moins de numéraire pour achats de bois, fers, cuirs, chanvres, graisses, et autres objets nécessaires à l'exploitation des mines.

Le transport des houilles occupe aussi beaucoup de bras. Il donne lieu à des mouvemens considérables sur le cours de toutes nos grandes rivières, sur nos canaux du midi, sur-tout sur ceux du nord et du centre ; et l'exportation de ce minéral, par nos ports du nord, pourrait être pour nous la source d'une foule d'autres avantages.

Enfin il n'est pas douteux que le Gouvernement s'occupant sérieusement d'ouvrir de nouveaux moyens de circulation aux diverses productions commerciales, les mines de houille n'acquièrent bientôt aussi des débouchés plus étendus. Alors ce combustible contribuera à donner une plus grande activité aux fabrications existantes, qui jusques-là n'avaient pu la recevoir; et il en sera créé de nouvelles, à raison de la facilité que l'on aura de faire usage de ce minéral.

Récapitulation.

Après avoir exposé les avantages qui résultent, sous différens points de vue, des productions obtenues de nos mines de houille, je crois utile de revenir succinctement sur les pays houillers les plus importans de notre territoire, afin qu'on aperçoive, pour ainsi dire, d'un coup d'œil, l'immensité de nos ressources en ce genre, et qu'on puisse mieux se pénétrer de l'extrême importance d'en encourager efficacement l'extraction en grand, et d'en faciliter la circulation vers les contrées où il existe déjà de grandes usines et des fabriques, ou des matières premières qui peuvent donner lieu à la formation de nouveaux établissemens.

Je commence par le midi de la République.

Mines de houille du Midi.

Les houilles qui se trouvent dans les départemens des Basses-Alpes, des Bouches-du-Rhône et du Var, entremêlées pour la plupart avec des dépôts calcaires, sont en général d'une médiocre qualité. Néanmoins elles sont extrêmement utiles aux habitans de cette contrée qui est peu boisée, et qui a besoin d'une assez grande quantité de combustibles pour les distillations qu'on y fait, et pour les filatures de soie.

Il serait donc à souhaiter que ces houillères fussent exploitées avec plus d'intelligence et de régularité. Comme leurs produits ne sont pas susceptibles, d'après leur nature, d'être portés au loin, il suffirait de leur entretenir des communications faciles avec les principales communes voisines, et les lieux de fabrication.

Les environs d'Alais, département du Gard, offrent en divers endroits de nombreuses et de très-riches couches de houille. La plupart des mines déjà ouvertes dans ce pays, fournissent cette substance de très-bonne qualité. L'extraction en serait très-peu dispendieuse; mais ces immenses dépôts *resteront, pour ainsi dire*, inutiles, tant qu'on ne pourra porter la houille à peu de frais dans les contrées voisines, et surtout vers le Rhône, et les villes de grande consommation, comme Montpellier, Nismes, etc.

Des ressources aussi abondantes doivent déterminer à vaincre quelques obstacles pour les mettre en valeur. Sans doute il y aurait des dépenses à faire; mais quelle spéculation présenté des bases plus certaines, et un but aussi honorablement utile!

Les mines des environs de Boussague, Bedarieux, Camplong, Saint-Gervais, offrent des considérations analogues à celles qui viennent d'être énoncées. Ces houillères très-abondantes, ne sont qu'à dix ou douze lieues du canal des Deux-Mers; mais la difficulté des transports quadruple déjà le prix des houilles avant qu'elles puissent y être versées. Il faut donc encore ouvrir là des communications plus faciles. Les dépenses qu'elles auront occasionnées, seront mille fois payées par les revenus de l'exploitation de ces mines.

Les houillères de Carmeaux, département du Tarn, méritent de fixer l'attention. La qualité de la houille est très-bonne. Plusieurs couches successives y sont reconnues. Elles sont régulièrement exploitées. Leurs produits sont portés sur le canal des Deux-Mers; leur débouché le plus naturel est le cours du Tarn; la consommation de Toulouse, celle des départemens de la Haute-Garonne et du Gers; le versement sur la Garonne; l'approvisionnement des villes de Bordeaux et la Rochelle. Mais comme la navigation n'a pas lieu sur le Tarn, entre Albi et Gaillac, cela nécesite, jusqu'à ce dernier endroit, des voiturages dispendieux. Si cette portion du cours du Tarn était rendue navigable, les houilles de Carmeaux arriveraient à bien plus bas prix sur la Gironde; elles pourraient soutenir la concurrence à Bordeaux et à la Rochelle, avec celles qui y sont apportées par mer.

Le département de l'Aveyron, les bords du Lot, aux environs d'Aubin, ceux de la Dordogne, à la partie supérieur de son cours, et les rives de la Vesère, vers Montignac et Térasson, présentent, sur une vaste étendue de pays, des amas immenses de houille qui se montrent en plusieurs endroits à la surface même des terrains. Ces contrées sont, sous ce point de vue, encore, pour ainsi dire, entièrement neuves. Tout est à créer, moyens de débouchés et exploitations. Les rivières que j'ai citées ne peuvent pas, dans leur état actuel, servir au transport des houilles, et la plupart des mines n'ont été encore qu'effleurées à la surface par les propriétaires du sol. Mais que d'entreprises se formeraient bientôt, et quelle nouvelle activité vivifierait en peu de tems ces pays, si l'Aveyron, le Lot et le Vesère étaient rendus capables de faire circuler ces sources intarissables de richesses qui restent enfouies sur leurs bords !

Mines de houille du centre.

En se reportant vers le Rhône, les regards s'arrêtent sur des pays houillers, aussi intéressans par la grande abondance et la qualité de leurs minerais, qu'à cause des moyens de débouchés multipliés que la nature leur offre.

Ce sont les mines situées à peu de distance des bords de l'Allier, entre Issoire et Brioude, et celles exploitées dans l'espace compris au sud de Lyon, entre la Saône, le Rhône et la Loire, jusqu'auprès de Monistrol. C'est dans ce second enclave que sont les cantons de Saint-Étienne et de Rives-de Giers, qu'il suffit de nommer pour rappeler l'idée de leur grande richesse en combustible fossile.

Les mines de cet arrondissement portent des houilles sur le cours de l'Allier, sur la Loire, le Rhône et la Saône. Elles en fournissent abondamment sur la Seine par le canal de Briare. Ainsi leurs produits traversent facilement la France, vers le midi et vers le nord, jusqu'à de grandes distances des lieux d'exploitation.

C'est par cette raison même que ces mines sont si avantageusement situées; c'est parce qu'elles peuvent avoir une influence très-marquée sur un grand nombre de fabriques, et sur la consommation des bois dans la majeure partie de nos départemens du centre, qu'il importe d'autant plus de veiller à la conservation des ressources qu'elles renferment encore, et de faire usage pour leur exploitation, de tous les moyens économiques qui peuvent y être adaptés.

N'est-il pas étonnant, par exemple, que les machines à vapeurs n'y soient pas encore généralement en usage, ni pour l'épuisement des eaux, ni pour l'extraction des minerais? N'est-il pas étonnant que plusieurs galeries d'écoulement, dont l'exécution serait facile, n'aient pas encore été ouvertes? Cependant ce n'est qu'à l'aide de ces moyens qu'on obvierait bientôt aux inconvéniens qui résultent du renchérissement des journées, que ces établissemens soutiendront la concurrence avec les étrangers, et conserveront leur débit dans les ports de la Méditerranée, et sur le cours inférieur de la Seine.

A la vérité le transport de ces houilles, tant sur l'Allier que sur la Loire, est devenu plus dispendieux depuis quelques années, parce que les bois de construction pour les bateaux, sont rares et chers aux environs des ports où elles sont embarquées; mais on fera changer ces circonstances à l'avantage des mines, en facilitant l'arrivage des bois qui peuvent être tirés de la montagne. Qu'on emploie à l'extraction les moyens convenables, qu'on en diminue les frais, comme je viens de le dire; qu'on ne redoute pas des travaux en grand quand ils doivent être long-tems utiles; et toutes ces entreprises pourront encore prospérer pendant des siècles. Ce n'est pas avec des mines aussi riches, avec des débouchés aussi bien assurés et aussi étendus, qu'on doit craindre de faire des avances pour des dispositions régulières et économiques qui en assurent et multiplient les avantages.

Les mines encore trop peu connues, des environs d'Ahun et de Bourganeuf, département de la Creuse, pourraient, comme je l'ai dit, en traitant de ce département, devenir infiniment précieuses aux départemens de la Haute-Vienne, de la Vienne, de l'Indre, et de l'Indre-et-Loire, si la Creuse et la Vienne étaient rendues propres à transporter leurs produits dans les pays qu'elles arrosent.

Le département de l'Allier a des exploitations importantes entre Montmarault et Moulins; cependant le voiturage jusqu'à Moulins, ajoute déjà considérablement aux prix des houilles sur les mines, et favorise la concurrence des houilles situées vers la partie supérieure du cours de l'Allier. Il faudrait appliquer à ces exploitations des moyens plus économiques qu'on ne l'a fait jusqu'ici, et se servir de la petite rivière de Queusne pour établir une communication par eau avec l'Allier.

Mais ce qui doit particulièrement fixer l'attention dans ce département, ce sont les riches amas de houille d'excellente qualité qui ont été reconnus aux environs de Commentry. Ces mines, qui paroissent susceptibles d'une exploitation facile, pourraient livrer à très-bon compte des quantités considérables de ce combustible sur les bords du Cher.

Cette contrée est renommée par les produits de ses forges. On sait qu'elle fournit des fers de la meilleure qualité, et même des aciers qui peuvent être comparés à ceux que nous tirons de l'étranger. La houille pourrait remplacer le charbon de bois dans plusieurs des préparations du fer. La grande diminution de dépense qui en résulterait, aiderait à faire pencher la balance commerciale en notre faveur sous ce rapport important.

Bientôt se multiplieraient de toutes parts des fabrications de ferronnerie et de clincailleries. Une nouvelle population viendrait animer les rives du Cher, et nous verrions au centre de la France, cette activité si variée et si productive qu'on admire sur les bords de la Meuse, de la Roer et de la Saarre, et qui se remarque généralement dans les pays où la houille a pu être appliquée au traitement des substances minérales, et sur-tout à celui du fer.

Pour amener des changemens si heureux, en faisant valoir les richesses que la nature a déposées avec tant de profusion aux environs de Commentry, il faudrait que la navigation du Cher fût rendue praticable, à partir de Vierzon, vers Montluçon. Il paraît que cette amélioration est possible, et qu'elle n'exigerait pas de très-grandes dépenses.

[illegible] se porte vers le nord-est, le département de la Nièvre offre des houillères exploitées auprès de Decise. La houille n'y est pas d'aussi bonne qualité que celle de la Haute-Loire; néanmoins l'exploitation en est utile et lucrative, à cause de la certitude et de la facilité du débit, tant à Orléans qu'à Paris, où elle est employée avec succès pour les fourneaux à chaudières (1).

Plus à l'est, le département de Saône-et-Loire possède plusieurs mines, parmi lesquelles on doit distinguer d'abord, à peu de distance du canal de Digoin, les houillères du Creusot, près la fonderie du même nom. Elles ont donné lieu à la création de cette usine, disposée pour la fonte des minerais de fer, par l'intermède de la houille, opération métallurgique dont il était sans doute très-utile d'offrir en France un exemple; mais malheureusement ce bel établissement a été l'occasion de dépenses excessives, et sa position n'avait pas été assez heureusement choisie, puisqu'il n'a point à sa proximité des minerais de fer d'assez bonne qualité.

Cette usine a dévoré tout ce qu'une très-mauvaise exploitation a su extraire des amas de houille qui avaient été découverts en ce lieu. Il n'y reste pour le moment que peu de ressources, encore faut-il ne s'approcher qu'avec prudence des parties de la mine qui sont submergées, ou de celles dans lesquelles l'incendie s'est manifesté.

Plus loin, sur le bord même du canal, sont les mines de Blanzy. On y connaît de belles cou-

(1) En parlant des houilles de Decise, je doi[illegible] un fait qui peut donner une meilleure idée de le[illegible]té, que celle qu'on en avait jusqu'ici. Le Cit. Sabat[illegible] préfet de la Nièvre, vient de faire des épreuves de l'emploi de la houille, à diverses opérations des forges. Il s'est servi de celle de Decise sans la réduire en *coack*, et il annonce en avoir obtenu des résultats avantageux.

ches de houille. Elles fourniront long-tems de grands produits, si l'exemple des désordres et des pertes, résultant de la mauvaise marche qui a été suivie au Creusot, sert de leçon pour éviter de pareils malheurs dans cette exploitation moderne.

Les prodnits de ces houillères sont portés par le canal sur la Saône, le Doubs et sur la Loire.

Mines de houille de l'Est.

A la frontière orientale de la France, le département du Mont-Blanc et celui du Léman (1), possèdent des mines de houille dont l'exploitation n'a point encore l'activité qu'elles pourraient comporter. Il va être plus utile que jamais de seconder ces entreprises, et d'ouvrir des moyens de circulation à leurs produits. L'École pratique des mines, fixée à Pezey, par l'arrêté des Consuls, du 23 pluviôse an 10, donnera lieu sous peu d'années à l'exploitation de nombreux filons de mine de plomb, et d'autres substances minérales qui sont connues, et qui pourront être découvertes dans le Mont-Blanc. Il sera extrêmement avantageux et indispensable même d'employer la houille à leur traitement.

Vers la source du Doubs on trouve aux confins du département de la Haute-Saône, auprès de Lure, à Champagney et Ronchamps, une mine de houille remarquable par la puissance

---

(1) La houillère d'Entrevernes, près Annecy, portée dans l'état des départemens, comme appartenant au Mont-Blanc, fait partie, d'après la nouvelle division, de celui du Léman, dans lequel se trouvent encore plusieurs autres mines de houille à peu de distance de l'Arve. Cette rivière pourrait servir au transport des houilles, si on exécutait le projet depuis long-tems proposé de la rendre navigable.

de la couche actuellement exploitée, et la qualité du combustible qu'on en retire.

Il y a en outre aux environs des indications nombreuses de la même substance.

Le canton de Lure est propre à des fabrications de différens genres. Il y avait des verreries (1); des forges y sont en activité, et il pourrait en être établi de nouvelles. L'exploitation des mines de cuivre, plomb et argent de Gyromagny, ne tardera pas sans doute à être reprise. Ce pays offre une infinité de moyens de tirer un grand parti de ses mines de houille, indépendamment des débouchés qu'elles ont déjà vers le Rhin, et de celui qui pourrait être créé vers le Doubs.

Quelques autres houillères encore sont exploitées autour de la chaîne des Vosges, comme celles de Saint-Hypolite et Rodern, département du Haut-Rhin, celle de Charbes et la Laye, et celle de Sous, dans le Bas-Rhin. Leurs productions sont très-utiles aux villes et fabriques voisines, mais les débouchés de ces mines sont peu étendus.

Mines de houille de l'Ouest.

Avant de porter l'attention sur les grandes exploitations du nord et du nord-est, par lesquelles je finirai, parce que le tableau imposant qu'elles présentent, ne permet plus de rien considérer après elles avec le même intérêt; je reviens sur les bords de la Loire, pour parler de houillères qui sont exploitées vers la partie

---

(1) Plusieurs verreries et d'autres établissemens qui consommaient les houilles de Champagney et Ronchamps, ont cessé d'être en activité depuis l'excessive augmentation du prix de ces houilles.

inférieure du cours de ce fleuve. Telles sont celles de Montrelais, situées au-dessus d'Ingrande, département de la Loire-Inférieure, à deux lieues environ de son cours, et celles connues sur la rive opposée, et qui sont exploitées principalement dans le canton de Saint-Aubin, et à Saint-Georges-Châteloison, près de Doué, département de Mayenne-et-Loire.

Les mines de Montrelais fournissent depuis long-tems des quantités considérables de houilles, aux départemens qui avoisinent la Loire-Inférieure. Ces houilles sont portées à Nantes, et peuvent aussi subvenir aux besoins des ports de l'Orient et de la Rochelle, ainsi que des pays maritimes de cette contrée.

Ces mines sont encore aujourd'hui plus intéressantes, à cause de la découverte qui vient d'y être faite de couches de houilles jusqu'alors ignorées, qui seront l'objet d'une exploitation neuve et susceptible d'abondans produits.

Mais malgré la proximité du cours de la Loire, le transport de la houille ne peut jusqu'ici se faire qu'à dos de cheval, et il est fort dispendieux. Les concessionnaires de cette mine se sont déterminés à ouvrir une route, depuis leur nouvelle exploitation appelée *la Chauvelière*, jusqu'à Varades; mais ils n'arrivent ainsi que sur un bras de la Loire appelé *la Boire*, dont la navigation est incertaine et difficile. Il serait bien à désirer qu'il fût pratiqué une chaussée jusqu'à la Meilleraye, lieu situé sur le véritable cours de la Loire. Un grand nombre de communes se réunissent aux concessionnaires pour en demander l'exécution : elle n'aurait qu'environ 1500 mètres de longueur, et serait d'une grande utilité pour tout ce canton. Elle serait sur-tout précieuse aux mines de Montrelais, et la société qui les exploite, mérite que le Gouvernement l'aide dans les entreprises utiles qu'elle a conçues.

Les exploitations situées sur la rive méridionale de la Loire, sont moins actives que celles dont je viens de parler. Elles ont beaucoup souffert pendant les troubles qui ont agité ce pays. Le canal de la Layon, qui était un moyen de transport très-utile aux mines, a été coupé en plusieurs endroits. L'urgence de ces réparations est sûrement trop bien sentie pour qu'elles ne soient pas exécutées incessamment.

Au nord de ces contrées, dans le département du Calvados, les mines de Litry, situées entre Bayeux et le port d'Isigny, sont extrêmement intéressantes pour la consommation de ce département et de celui de la Manche, où les bois sont également chers; d'ailleurs elles livrent au port de Cherbourg, et aux côtes septentrionales et occidentales de ces deux départemens. Elles ont même pendant la guerre versé leurs houilles à l'embouchure de la Seine. Elles peuvent faire parvenir leurs produits dans le département de l'Orne, en remontant la rivière de ce nom; et si le canal projeté entre Argentan et Alençon, était exécuté, ces houilles circuleraient jusque sur la Sarthe, et concourraient à la consommation de ces pays avec celles qui viennent par la Loire.

Ces communications, sur-tout celle vers Alençon, pourraient offrir aux forges assez nombreuses dans cette partie, des moyens économiques.

Si nous envisageons les portions du territoire de la République dont il nous reste à parler, nous remarquerons qu'une très-grande partie de sa surface arrosée par la Seine, et les rivières qu'elle reçoit, par la Somme et par la Cauche, jusqu'aux départemens du nord, ne présentent pas de mines de houille connues.

Si le canal de Briare ne versait pas sur la Seine les houilles qui viennent par la Loire, ce vaste bassin ne pourrait recevoir ce combustible que par les ports de mer de l'ouest; et cet état de choses existe même pour les pays qui ne sont pas assez voisins du cours de la Seine, ou des rivières qui y communiquent, comme les départemens de la Somme, de l'Aisne, de l'Oise, etc.

Mines de houille du Nord.

Mais le nord de la France, à partir du Pas-de-Calais jusques aux bords du Rhin, offre de si immenses richesses en ce genre, qu'elles surpassent de beaucoup tout ce qui a été cité jusqu'ici des autres parties de la France, et je dirais même tout ce qui existe en d'autres pays.

Les produits énoncés des seuls départemens du Pas-de-Calais, du Nord, de Jemmappes, de la Meuse-Inférieure, de l'Ourthe et de la Roër, s'élèvent à 314,000,000 myriagrammes, ou aux trois quarts de la totalité des produits de nos mines.

On sait cependant que cet aperçu doit être considéré comme inférieur à l'extraction réelle, et beaucoup au-dessous de ce qu'il serait possible et facile d'obtenir.

On ne peut pas douter que les mines de ces départemens ne soient en état de fournir, non-seulement à toutes nos contrées maritimes de l'ouest, d'approvisionner les départemens voisins de ceux du nord, et de venir livrer jusque sur le cours de la Seine, en concurrence avec les mines des bords de l'Allier et de la Loire, et même de satisfaire au dehors de la France, aux besoins des États voisins, notamment de la Batavie; mais il faut et faciliter les moyens de transport, et diminuer les frais d'extraction.

Ces considérations sont de la plus haute importance pour l'intérêt de la France. Il sera extrêmement avantageux au commerce et à lÉtat, sous plusieurs rapports, de faire écouler au loin cette matière première dont on peut dire que ces pays regorgent, et de la distribuer sur d'autres points de notre territoire où elle manque. Il faut donc que les exploitans appliquent à leurs travaux tous les moyens économiques que l'art de l'exploitation des mines peut fournir, et que le Gouvernement concoure avec eux à améliorer les moyens de circulation existans, à lever les obstacles qui peuvent influer sur l'élévation du prix des transports, et à créer les canaux, et les nouveaux moyens de débouchés qui sont reconnus nécessaires.

Il n'y a pas d'entreprise, telle dispendieuse fût-elle, dont les frais ne fussent bientôt couverts par les bénéfices qu'on obtiendrait de ces houillères, si elle atteignait le but de faire parvenir leurs houilles dans nos ports et dans ceux de la Hollande, à des prix assez modérés pour soutenir toute concurrence étrangère.

Mines de houille du Nord-Est.

Les départemens du nord-est, tels que ceux du Mont-Tonnerre, de Rhin-et-Moselle, de la Moselle et de la Saarre, ont aussi des mines de de houille très-abondantes ; celles de la Saarre seulement, qui ne sont énoncées dans l'état de ce département, que pour un produit de 4,000,000 myriagrammes, en pourraient fournir le quadruple ; mais pour en assurer le débit, il faudrait mettre quelques entraves à l'importation des houilles de la rive droite du Rhin, et baisser le prix des houilles dans les mines nationales de la Saarre, ou donner lieu à une concurrence utile aux consommateurs, en autorisant l'établissement de plusieurs exploitations distinctes. Ces mesures me paraîtraient dignes d'une sage administration : car en maintenant à un taux trop élevé une matière première aussi nécessaire, on produit, en outre de plusieurs autres inconvéniens graves, celui de favoriser le débit des houilles de la rive droite du *Rhin*, même dans le voisinage des mines de la Saarre.

Tels sont les principaux résultats des connaissances acquises jusqu'à ce jour, sur nos mines de houille.

Je terminerai cet ouvrage par la réflexion suivante, sur les avantages que doivent nous assurer les mines de houille dont le territoire de la France est si riche. Conclusion.

On a vu que leurs produits tiennent lieu, dans la consommation annuelle, de plus de 13 millions de cordes de bois, et que l'économie pécuniaire qui en résulte, s'élève au-delà de 60 millions de francs ; mais si on envisage que nous en sommes encore aux premiers essais en France, pour l'emploi de la houille, dans les opérations des grandes fabriques, et notamment dans les travaux métallurgiques ; et si on réfléchit que pour le traitement du fer seulement, sur environ cinq millions de cordes de bois (1) qui sont consommées annuellement dans 600 fourneaux et 1500 forges et aciéries environ (2), un 5e. au moins de cette quantité pourrait être remplacé par la houille (3), et produire, pour cette seule branche d'industrie (4),

---

(1) Cordes de 128 pieds cubes, ce qui représente 8 millions de cordes de forges, chacune de 80 pieds cubes.

(2) Le Cit. Besson a publié, dans un Rapport fait au Conseil des Cinq-Cents, sur l'administration forestière, en l'an 4, des détails précieux sur les produits des forêts, et la consommation des bois. Les résultats qu'il a présentés sur les usines où l'on traite le fer, diffèrent nécessairement de ceux que nous donnons ici, parce qu'à cette époque les départemens de la Belgique et des bords du Rhin n'étaient pas encore définitivement réunis au territoire français.

(3) Je ne pense pas que ce soit trop avancer, que de supposer qu'un cinquième de la consommation des usines à traiter le fer, puisse être remplacé par l'usage de la houille. La plupart des forges de la Nièvre peuvent en recevoir; celles du Cher pourraient en être alimentées, quelques-unes de celles du département de la Dordogne aussi. Enfin une partie des forges du Doubs, du Jura, de la Côte-d'Or, de Saône-et-Loire, de Sambre-et-Meuse, et d'autres contrées encore, dont l'énumération serait trop longue, sont à portée de jouir de cet avantage.

(4) Il vient d'être fait sous les yeux des ingénieurs des mines, Houry et Rosières, et en présence du Cit. Bosc, Tribun, des épreuves satisfaisantes dans les forges du département de la Haute-Marne, pour substituer en totalité ou en partie la houille au charbon de bois dans l'affinage du fer.

Il sera incessamment rendu compte de ces expériences dans le *Journal des Mines*.

La houille dont on s'est servi venait des mines de Rives-de-Gier. Elle n'a pas été réduite à l'état de coack ou charbon de houille.

une économie annuelle de 5 à 6 millions de francs, on sera frappé de la différence que cet état de choses amenerait dans notre position à l'égard des étrangers, pour le prix de nos objets fabriqués; et on reconnaîtra que l'usage plus généralement adopté de la houille en France, peut avoir l'influence la plus importante sur l'industrie et le commerce.

Explication de la Planche

Cette planche offre une esquisse de la carte de la France. On y a tracé les rivières navigables et les canaux, et on a indiqué par des numéros les départemens qui contiennent des mines de houille. Cette carte présente ainsi, sous un même point de vue, la position respective de ces mines, et les moyens d'en faire circuler les produits dans l'intérieur et sur nos côtes maritimes.

TABLE DES MATIÈRES.

ERRATA.

Page 4, *première ligne* de la note, pourrait, *lisez*, pouvait.
—— 19, *dernière ligne* de la note, *supprimez* le mot *venus*.
—— 23, *ligne* 11, seize chevaux, *lisez*, neuf chevaux.
—— 30, *ligne* 19, Montmorot, *lisez*, Salins.
—— 48, *ligne* 17, celles, *lisez*, celle.
—— 55, *ajoutez*, le n°. 26 en marge du département du Lot.
Pages 60 à 79, *ajoutez* 1 à tous les numéros qui sont en marge, depuis le n°. 26 jusqu'au n°. 35.
—— 85, *ligne* 16, Cornelins-Munster, *lisez*, Cornelis-Munster.

Maſtrich

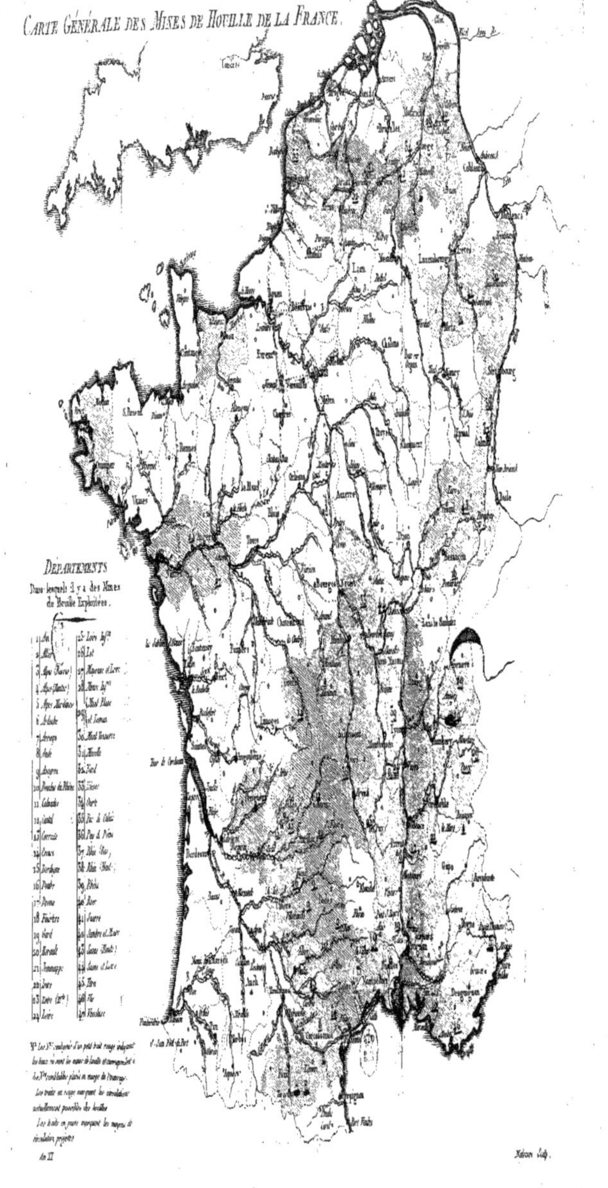
CARTE GÉNÉRALE DES MINES DE HOUILLE DE LA FRANCE.
DÉPARTEMENTS
Dans lesquels il y a des Mines de Houille Exploitées.
An II

www.ingramcontent.com/pod-product-compliance
Ingram Content Group UK Ltd.
Pitfield, Milton Keynes, MK11 3LW, UK
UKHW020607180726
13838UKWH00001B/484